建筑施工作业违章行为典型案例及规范操作方法

本书编写组◎编

中国工人出版社

图书在版编目（CIP）数据

建筑施工作业违章行为典型案例及规范操作方法 /《建筑施工作业违章行为典型案例及规范操作方法》编写组编写. —北京：中国工人出版社，2016.4

ISBN 978-7-5008-6372-4

Ⅰ.①建… Ⅱ.①建… Ⅲ.①建筑工程—工程施工—安全技术 Ⅳ.①TU714

中国版本图书馆CIP数据核字（2016）第072298号

建筑施工作业违章行为典型案例及规范操作方法

出 版 人 芮宗金
责任编辑 李素素
责任校对 赵贵芬
责任印制 栾征宇
出版发行 中国工人出版社
地　　址 北京市东城区鼓楼外大街45号 邮编：100120
网　　址 http://www.wp-china.com
电　　话 （010）62350006（总编室） （010）62005039（营销出版部）
（010）62382916（职工教育分社）
发行热线 （010）62005996 （010）82075964（传真）
经　　销 各地书店
印　　刷 北京睿特印刷厂
开　　本 710毫米×1000毫米 1/16
印　　张 9.75
字　　数 160千字
版　　次 2016年5月第1版 2016年5月第1次印刷
定　　价 25.00元

前　　言

现阶段中国正处于快速发展时期，建筑行业从业人员更是多达千万之众。据全国伤亡事故统计，建筑业伤亡事故率在各行业中排名第二。

这些伤亡事故大多属于责任事故，而事故的起因多是各种违章行为。海恩法则指出，每一起严重事故的背后，必然存在着29次轻微事故和300起未遂先兆以及1000起事故隐患。稻草之所以能压死骆驼，不在其重，而在其众，每一场事故发生的背后都有其违章行为。

本书按照建筑施工作业中常见的典型违章行为分类，共设九章，包括防护用品、脚手架、临边及孔洞、绳卡、起重作业、施工用电、动火作业、气瓶使用以及文明施工，经过精心筛选对比，列举相应领域内的典型案例，描述案例的具体经过和危害，全面分析其中的原因，剖析其典型违章行为，并提出有针对性的预防措施和规范操作方法。本书采用“典型违章行为＋案例＋规程”的写作方式，在激发读者阅读案例兴趣的同时，也最大限度地牢记相应操作规程和知识。本书不仅适用于建筑施工一线的管理人员和工人，还可以作为建筑行业毕业生的实践读本。

我们深知，有生产就会存在事故隐患，没有人可以通过学习一本书就能完全避免生产事故，要想避免生产事故，最重要的是树立安全意识，避免由违章行为引发责任事故，这也是我们编写这本书的最大初衷。一个人的安全不仅仅是自己的，它还牵动着每一个家庭，牵动着整个社会。安全是幸福的重要保障，只有安全得到了保障，才能最大限度地实现个人价值，实现个人梦，最终交汇成中华民族伟大复兴的中国梦。

在本书的编写过程中，编者参阅了大量著作、论文以及事故调查通报，在此对这些文献的作者表达诚挚的谢意，也向编写过程中提供了许多帮助和鼓励的同行朋友和同事表达深深的谢意。

由于编者学识水平有限，不当之处在所难免，恳请广大读者批评指正。

编 者

2016 年 4 月

目　录

第一章

防护用品违章行为典型案例及规范操作方法

- 一、防护用品违章行为
- 二、典型案例分析
- 三、规范操作方法及规定

一、防护用品违章行为

防护用品是指为保护劳动者在生产过程中的人身安全与健康所必备的一种防御性装备，对于减少职业危害起着相当重要的作用。建筑行业中常见的防护用品有安全帽、安全带和安全网三种，常见的典型违章行为有以下几种。

（一）安全帽使用中存在的违章行为

安全帽是防止冲击物伤害头部的防护用品，由帽壳、帽衬、下颊带和后箍组成。帽壳呈半球形，坚固、光滑，并有一定弹性，可以承受打击物的冲击。帽壳和帽衬之间有一定空间，可缓冲、分散瞬时冲击力，从而减轻或避免对头部的直接伤害。

（1）安全帽超周期使用。

安全帽的正常使用期为2.5年（具体以产品使用说明书为准），但安全帽超期使用现象相当普遍，有的安监人员对此也熟视无睹。有些安全帽外观比较“新”，虽已超期但仍然在继续使用。其实安全帽即使不使用，时间长了也会老化，如不及时更换，使用过程中一旦出现险情，后果不堪设想。

（2）把安全帽当头盔、凳子。

这一现象多见于骑机动车去作业现场的人员中，因为进入生产现场须戴安全帽，有些人就将安全帽兼做头盔使用。然而安全帽的主要功能是防止高空物体坠落击伤头部，而头盔主要是用来防止骑车人受到撞击、摔跌而造成头部的伤害，两者的防护重点不同，功能也就各有侧重，因此用安全帽替代头盔是不允许的。

进入生产现场必须佩戴安全帽，随意摘下安全帽即已构成违章行为，将其当凳子使用，还可能会划伤帽檐、帽顶，压损帽衬，造成安全帽损坏或使用寿命下降。

（3）安全帽本身存在质量问题。

有的安全帽存在抗冲击、抗穿刺能力不强，帽箍吸汗、透气性差，以及制作零部件的材料不合格等质量问题。在实际使用中应选用符合国际标准的、通过ISO质量体系认证和强制性产品认证的优质产品。

（4）存放不当。

安全帽的适用温度为零下10℃至50℃，应摆放在通风干燥处，避免接触火（热）源和腐蚀性物质，以免影响其正常使用寿命。应尽量缩短安全帽的库存期，最好随买随用，以免因库存时间过长而影响实际有效使用期限。

（5）使用前缺少必要的检查。

安全帽在使用前应进行下列项目的例行检查：帽壳无损伤、无裂纹、无明显变形；帽衬无破损；帽箍完好，与帽壳连接牢固；帽带无腐蚀、无伤痕；锁扣完整有效等。在安全帽遇有严重冲击后应立即报废，切忌再用。

（6）不能正确使用。

常见不规范行为主要有：不戴安全帽（或不紧套在下巴上）、无芯、不按头型大小调节帽箍长度、帽壳与帽衬划伤或破损后不及时按原规格更换、安全帽不系帽带等。

（7）管理混乱。

有的工作单位没有按规定对安全帽进行统一编号，也没有按编号规定相应的使用人员以及让作业人员按工作性质分色配戴，相应的使用台账也缺失。这样，一方面容易造成管理混乱，另一方面也容易导致安全帽的出厂日期等原始数据丢失。

（8）不能正确对待安全帽的近电报警功能。

有的安全帽上装有近电报警器，在接近高压设备一定范围时会发出报警信号。给安全帽装上报警器只是增加了一道把关措施，不能因此就忽视保证安全的验电等技术措施，因为在电压较低时（如380 V）报警器有可能不报警，加上某些近电报警器本身有质量问题，因此不能过于依赖近电报警功能。

（二）安全带使用中存在的违章行为

凡在离地面2m以上的地点进行作业，都视为高处作业。安全带是用于防止坠落事故发生的保险带，它是高处作业时防止由于操作人员失误或设施有缺陷而发生人身伤亡的“救命带”。因此，一切高处作业人员必须使用安全带。在具体使用安全带的过程中，违章进行高处作业的情况主要有以下几个方面。

（1）在架构上作业时，安全意识较淡薄，不愿使用安全带，忽视作业失误和设备缺陷发生的可能性。

（2）认为离地面不算太高，系安全带工作不方便，即使坠落也无多大危险，思想上不想使用安全带。

（3）在作业项目简单、任务急、操作时间短的情况下，忘记使用安全带。

（4）使用机械强度不够的、未做试验检验或超周期的，试验周期标志磨损、丢失的安全带。

（5）高处作业前对大、小安全带的检查粗心。

（三）安全网使用中存在的违章行为

（1）随便拆除安全网的构件。

（2）跳进或把物品投入安全网内。

（3）大量焊接火星或其他火星落入安全网内。

（4）在安全网内或下方堆积物品。

（5）安全网周围有严重腐蚀性烟雾。

（6）对使用中的安全网，没有进行定期或不定期的检查，未及时清理网中落下的杂物，在受到较大冲击后，未及时更换。

二、典型案例分析

案例 1 钢管刺穿不合格安全帽致人死亡事故

（一）事故经过

2014 年 8 月 29 日中午，在某建筑工地，悬挂式脚手架的一根钢筋突然断了，巨大的脚手架从高空坠落下来，正好砸中地面一名电工王某的头部。由于王某佩戴的安全帽已使用多年，未及时更换，存在严重的质量问题，未能起到应有的防护功能。钢管砸中这名电工的头部，并刺穿了安全帽。事故发生后，现场人员立即将其送到医院，经抢救无效后死亡。

（二）原因分析

1. 直接原因

（1）工人王某安全生产防护意识淡薄，施工前未对分发的防护用品认真检查，佩戴的安全帽存在严重的安全隐患，安全帽使用时间超限，存在严重的质量问题，抗冲击、抗穿刺能力不强，不能很好地起到应有的防护功能。

（2）拆卸脚手架的施工队无特种作业人员资格证，施工前未接受过安全技术交底和安全教育培训，施工时未按规定进行作业，在高空作业时未按规定架设防护网，致使拆卸的钢管从高空坠落，这也是造成这起事故的直接原因。

2. 间接原因

（1）该施工单位法定代表人安全生产意识不强，没有落实安全生产责任制，未对进场工人进行三级安全教育和技术交底工作，且相关的监理单位对施工现场监管不力，对施工现场存在的安全隐患，未能及时组织排查和督促施工单位整改。

（2）钢管质量不合格。施工所用的钢管使用时间超限，部分钢管锈蚀、变形问题严重，然而施工单位和相关的安全监理部门却未对脚手架构件进行质量检查。

（三）防范措施

（1）企业要建立健全安全生产责任制和各项规章制度，尤其要注重充实管理、技术力量，公司应该指派工作经验丰富的管理人员担任施工项目部经理，并且在施工现场要指派专门的安全管理员进行技术指导，杜绝施工现场存在的施工和管理混乱问题。

（2）要加强对施工人员的安全宣传教育，提高施工人员的安全生产意识，同时在施工前要做好技能培训和技术交底工作，提高施工人员的安全生产技能和自我保护能力。此外，脚手架等特殊工种作业人员必须做到持证上岗，并每年接受规定学时的安全培训。

（3）要加大对安全生产所需要的资金投入，对施工人员的安全防护用品及时更新换代，为施工人员配齐安全防护用品。同时要确保搭设脚手架所用的钢管经过质量检查。

案例 2 忘戴安全帽致人伤亡事故

（一）事故经过

2015 年 12 月 1 日 11 时 30 分左右，某公司起重操作工陈某与吴某两人正在进行行车吊装水泥沟管作业。陈某用无线遥控操作车辆运行，挂钩工吴某负责水泥沟管吊装。当行车吊装水泥沟管离地约 20 厘米时，沟管出现摆动，碰撞到陈某腿部，致使其后仰倒下，头部撞到身后堆放的水泥沟管。陈某随即被送往医院，后经抢救无效死亡。

（二）原因分析

1．直接原因

陈某上岗作业前，未经行车操作培训，未取得有效特种作业操作证件；在作业过程中，未佩戴安全帽，且注意力不集中，当起吊物出现摆动时，对周围状况估计不足，未采取有效措施，致使事故发生。

2．间接原因

（1）该公司法定代表人许某对安全生产工作领导不力，安全意识不强，措施不落实，没有严格督促、检查本单位的安全生产工作，没有落实安全生产责任制。许某雇佣无特种作业操作证人员操作特种设备，不符合安全生产管理制度要求，是导致事故发生的间接原因。

（2）李某作为分管生产负责人，没有履行“管生产，必须管安全”的责任。并且在吊装作业过程中，未落实指挥人员，未督促落实劳动保护用品使用情况。

（3）该公司职工吴某未取得有效特种作业操作资格证，在从事吊装作业过程中，与陈某配合不当，对吊装物（水泥沟管）出现摆动的情况，没有及时采取措施，从而间接导致了事故的发生。

（4）该公司在生产中忽视安全生产管理工作，对危险性较大的生产设备——起重行车，未经有关部门验收合格就擅自投入使用，且在事故发生后，对事故现场保护不力。

（三）防范措施

（1）全面开展“查隐患、抓整改”的安全生产专项整治活动，消除各类生产安全的事故隐患，确保不再发生类似事故。

（2）建立、健全企业的安全生产责任制，制定安全生产管理制度和操作规程，并上墙公布，严格执行建立安全生产台账制度，落实专人登记备案。

（3）进一步加强安全生产教育，普及安全生产知识，对从业人员进行全面的岗前培训，严格执行特种作业人员操作证要求和特种设备的有关规定要求。

（4）在从事吊装等危险作业过程中，应安排专业人员进行现场安全管理，全面遵守管理制度，严格执行操作规程，确保安全措施的落实。

（5）加大对安全生产条件所必需的资金投入，落实安全生产设施，配齐劳动保护用品。

案例3 不戴安全帽致人头部挫伤事故

（一）事故经过

2015年8月7日上午10时，某水暖施工工地水暖队姜某等人负责更换10t炉地下室水仓的一段腐蚀钢管。10时20分，管工姜某、屈某、张某和牛某到达作业现场，发现更换钢管必须进行仰焊，无法佩戴安全帽，于是便没有佩戴。安监员姜某检查作业现场时发现有一处工字钢梁容易碰到头部，便提醒牛某注意。10时35分，焊工牛某焊接作业结束，在检查其他焊接部位时，由于空间狭窄，牛某不慎碰到工字钢梁上，造成头部表皮挫伤。

（二）原因分析

1. 直接原因

施焊时因仰焊无法佩戴安全帽，但仰焊结束后也没有及时佩戴好安全帽，自我安全防护意识差。

2．间接原因

施工人员对安全确认不认真，发现安全隐患未采取可靠措施，安全提示不到位。水暖队安全管理和安全思想教育不到位。

（三）防范措施

（1）加强安全确认，及时对危险因素进行排除。

（2）作业现场必须佩戴好劳动保护用品，并由安全员负责监督。

（3）加强员工安全教育和安全技术培训。

案例4 不系安全带致人坠落死亡事故

（一）事故经过

某建筑公司承建的高层住宅区土建工程完工，正处于拆楼外脚手架阶段。某工区的十几名架子工自上而下拆卸钢管结构的架杆，在此过程中多数架子工人都没有系安全带。在一次位置移动时，架子工李某不慎失足，从30m高处坠落身亡。

（二）原因分析

1．直接原因

由于拆卸脚手架工作需要在不停地移动换位中进行，每次换位工人都要重新拴挂安全带，很多工人缺乏安全意识，嫌麻烦不系安全带，这是事故发生的直接原因。

2．间接原因

工地安全管理不到位，很多工人没有按规定系安全带却没有安全员出面制止。工人安全意识淡薄，缺乏有效的安全知识培训。

（三）防范措施

（1）加强对从业人员的安全宣传教育和培训，提高作业人员的安全防范意识，特别是要加强对设计、建设和工程监理单位的安全教育，使其明确在安全生产工作中各自应履行的职责。

（2）建设单位、施工单位和监理单位要认真学习贯彻执行《安全生产法》《建筑法》和《建设工程安全生产管理条例》等法律法规，建立健全本单位的安全生产责任制和各项规章制度，依法进行工程建设，保证施工现场安全管理责任、规章制度和安全措施的落实。

（3）施工企业应建立以项目为中心的安全管理体系，强化对施工组织设计和专项施工方案的编审、施工作业前安全技术交底等重要环节的控制；要切实搞好项目部班子的安全管理体系建设，配备责任心、业务能力强的管理人员，不断提高项目施工管理水平。

（4）施工企业和工程监理单位要加强施工过程重点或关键环节的管理和监控，对于脚手架工程等《建设工程安全生产管理条例》中规定的七项危险性较大的工程，要由工程技术人员编制专项施工方案，并附具安全验算结果，由施工单位技术负责人和总监理工程师签字后实施，并委派专业技术人员和安全员进行现场指导和监督。

（5）建设行政主管部门要加强对建设工程项目和建筑施工企业的安全生产监督管理，要严格工程施工许可证的行政审批，进一步规范建筑市场，严格进行建筑施工企业负责人、项目经理、安全员和施工员的培训考核，落实对施工现场日常监督检查职责。同时，要加强对建筑安全监督检查人员的培训教育，增强责任心，提高业务素质。

案例 5　无安全防护致人坠落死亡事故

（一）事故经过

2014 年 9 月 23 日，在甲建设公司承建的乙物流仓储工程工地上，施工人员王某在该在建工程东北角圆弧型外脚手架顶层步架上作业，未系安全带。该顶层脚手架铺有竹笆片，防护栏杆尚未搭设，距地面约 21m，距四层楼面约 9m。当时，塔吊司机李某将一捆钢管吊运至顶层脚手架，当钢管吊至离顶层脚手架竹笆 50cm 左右时，王某准备将钢管卸放到脚手架上。在接料过程中，王某不慎从脚手架坠落至四层楼面，随即被送至医院，经抢救无效死亡。

（二）原因分析

1．直接原因

脚手架搭设作业人员无特种作业操作证上岗、作业中未系安全带，违章从事高处作业。

2．间接原因

（1）架子工班组长安排无特种作业操作证的人员从事高处作业，且未落实相关安全措施，未进行相应的安全教育、交底。

（2）项目部安全管理松懈，未层层落实安全责任，未根据施工进度采取防止高处坠落的有效安全措施。

（三）防范措施

（1）开展对企业所有在建工程安全生产大检查，全面排查整改事故隐患，杜绝类似事故的再次发生。

（2）加强对项目部的安全管理，落实安全责任，认真做好职工安全生产教育，严格执行特种作业人员持证上岗制度；在预防高处坠落方面，要采取切实有效的防范措施。

（3）工程项目部要根据相关规定认真落实各项安全防护措施，加强安全教育、安全交底工作，杜绝工人“三违”行为的发生。

（4）监理单位要根据法律、法规和工程强制性条文规定，认真履行安全监理职责，加强对现场的监督管理。对存在严重安全隐患或存在隐患不落实整改的施工单位，要依法下达停工令，避免因盲目施工造成事故。

案例6 未装设安全网致人坠落死亡事故

（一）事故经过

2014年7月23日上午，某装修公司员工张某在6m高的操作平台上进行户外粉刷工作。由于工作量较小，张某嫌麻烦就没有在周围装设防护网。11时34分左右，张某突然从操作平台上坠落，由于头部先着地，导致其当场死亡。

（二）原因分析

1．直接原因

装修公司员工张某安全意识淡薄，施工前没有接受安全技术培训。在高处施工时没有装设安全网，且作业时注意力不集中，致使失足坠落，这是造成这起事故的直接原因。

2．间接原因

该公司法定代表人对安全生产工作领导不力，安全意识不强，没有落实安全防护措施，没有严格监督、检查本单位的安全生产工作，没有落实安全生产责任制度，对事故现场存在的安全隐患没有进行认真排查，是造成这起事故的间接原因。

（三）防范措施

（1）要建立、健全本单位的安全生产责任制，制定安全生产管理制度和操作规程，并上墙公布；严格执行安全生产台账制度，同时加大保证安全生产所必需的资金投入，为所有相应从业人员配齐质量合格的安全防护用品。

（2）进一步加强安全生产教育，普及安全生产知识，对从业人员进行全面的岗前培训，提高作业人员的安全防范意识。同时要加强对设计、建设和工程监理人员的安全教育，使其明确在安全生产工作中各自应履行的职责。

（3）要切实做好项目部安全管理班子的建设工作，配备责任心、业务能力强的管理人员，不断提高项目施工安全管理水平。

三、规范操作方法及规定

（一）个人防护用品的发放规定

为了确保职工个人防护用品的合理发放和使用，以保证职工在生产过程中的安全和健康，现对生产中必需的劳动保护用品作如下规定：

（1）防护服（工作服）应当发给从事以下作业的工种人员使用：

①从事有强烈辐射热的或者有灼伤危险作业的人员。

②从事有刺激、绞辗危险或因钩挂磨损衣服而可能引起外伤的人员。

③从事接触有毒、放射性物质的或对皮肤有感染危险物质作业的人员。

④从事经常接触腐蚀性物质的或工作环境特别肮脏作业的人员。

（2）防寒服应当发给在严寒地区的冬季经常从事野外、露天作业的人员使用。

（3）防护手套（布手套、线手套、刷胶手套、胶指手套）应当发给在操作中易于烧手、烫手、刺手和严重磨手工种的人员使用；绝缘手套应当发给从事带电作业的人员使用；胶手套应当发给从事用手直接接触腐蚀性液体和剧毒物质的人员使用。

（4）防护用鞋应当发给从事足部需要防烫、防刺割、防触电、防火或防腐蚀的工作人员使用，并按照需要分别发给耐高温防护鞋、登山鞋、绝缘鞋和防水防腐蚀的胶鞋。鞋盖应当发给从事对足部有火花烧伤危险的或足部经常接触腐蚀性粉尘工作的人员使用。

（5）防护帽应当发给在施工作业中头部需要防物体打击、防烫、防尘、防晒的人员使用，并按照需要分别发给安全帽、工作帽和草帽。

（6）防护用毛巾应当发给在操作中颈部需要防烧灼以及比较脏和一些重体力劳动的人员使用。

（7）防护面具应当发给有面部烧灼危险和喷砂伤害的人员使用；防毒面具应当发给从事有吸入毒气危险工作的人员使用；防尘口罩应当发给从事粉尘作业的人员使用；防护眼镜应当发给从事对眼部有伤害危险工作的人员使用。

（8）安全带应当发给从事高空作业的人员使用。

（9）雨衣应当发给需要在露天、野外冒雨作业的人员使用。

（二）安全帽的使用要求

建筑施工现场安全帽的主要作用是保护施工人员的头部不受到伤害。它可以在以下几种情况下保护人的头部不受伤害或降低头部伤害的程度。

①飞来或坠落物体击向头部时；

②当作业人员从 2m 及以上的高处坠落时；

③当头部有可能触电时；

④在低矮的部位行走或作业，头部有可能碰撞到尖锐、坚硬的物体时。

安全帽的佩戴和使用都应符合规定。如果佩戴和使用不正确，难以起到充分的防护作用。在佩戴安全帽时，一般应注意下列事项：

（1）首先检查安全帽的外壳是否破损、薄厚是否均匀（如有破损，其分解和削弱外来冲击力的性能将会减弱或丧失，不可再用），有无合格帽衬（帽衬的作用是吸收和缓解冲击力，若无帽衬，则丧失了保护头部的功能），帽带是否完好，安全帽是否有劳动部门容许生产的证明及产品合格证，缓冲层及调整带和弹性带是否齐全有效。

（2）戴安全帽前应将帽后调整带按自己头型调整到适合的位置，然后将帽内弹性带系牢。缓冲衬垫的松紧由带子调节，人的头顶和帽体内顶部的空间垂直距离一般在 25 ～ 50mm，至少不要小于 32mm 为好。这样才能保证当遭受到冲击时，帽体有足够的空间可供缓冲，平时也有利于头和帽体间的通风。

（3）不要把安全帽歪着戴，也不要把帽檐戴在脑后方，否则会降低安全帽的抗冲击效果。

（4）安全帽的下领带必须扣在颌下，并且要系牢，松紧要适度。这样不至于使安全帽被大风吹掉，或者是被其他障碍物碰掉，或者由于头的前后摆动而脱落。

（5）安全帽顶部除了在帽体内部安装了帽衬外，有的还开了小孔通风。但在使用时不要为了透气而随便再行开孔，否则会导致帽体的抗冲击强度降低。

（6）安全帽在使用过程中要定期检查。应检查有没有龟裂、下凹、裂痕和磨损等情况，如果发现异常情况要立即更换，不能继续使用存在安全隐患的安全帽。任何受过重击、有裂痕的安全帽，不论有无损坏现象，均应报废。

（7）严禁使用只有下颌带与帽壳，帽内无缓冲层的安全帽。

（8）施工人员在现场作业中，不得将安全帽脱下搁置一旁，或当坐凳使用。

（9）由于安全帽大部分是使用高密度低压聚乙烯塑料制成，具有硬化和变蜕的性质，所以安全帽在不佩戴时，不应长时间地在阳光下曝晒。

（10）在室内作业时也要戴安全帽，特别是在室内操作带电作业时，更要认真戴好安全帽，因为安全帽不但可以防碰撞，而且还有绝缘作用。

（11）平时应保持安全帽整洁，不能接触火源，不要任意涂刷油漆，还要防止丢失。如果丢失或损坏，必须立即申请补发或更换。无安全帽一律不准进入施工现场。

（三）安全带的使用要求

在建筑施工现场，高处作业时重叠交叉作业非常多。为了防止高处坠落带来的伤害，作业者在登高和高处作业时，必须系挂好安全带。安全带的使用和维护有以下几点要求：

（1）必须重视安全带的作用。安全带是“救命带”。可是有少数人觉得系安全带麻烦，上下行走不方便。殊不知，事故的发生就在一瞬间，高处作业必须按规定要求系好安全带。

（2）使用前应检查绳带有无变质，卡环是否有裂纹，卡簧弹跳性是否良好。要经常检查安全带缝制处和挂钩处，必须详细检查捻线是否裂断和残损等。

（3）高处作业时如果安全带没有固定系挂的地方，应用适当强度的钢丝绳或采取其他方法固定安全带，禁止把安全带挂在移动、带尖锐棱角或不牢固的物件上。

（4）高挂低用。高挂低用是指将安全带挂在高处，人在下面工作。这是一种比较安全合理的科学系挂方法。它可以使坠落发生时的实际冲击距离减小。与之相反的是低挂高用，即安全带拴挂在低处，而人在高处作业。这是一种很不安全的系挂方法，因为当坠落发生时，实际冲击的距离会加大，人和绳都要受到较大的冲击负荷。所以安全带必须高挂低用，杜绝低挂高用。

（5）安全带要拴挂在牢固的构件或物体上，防止摆动或碰撞，绳子不能打结使用，钩子要挂在连接环上。

（6）安全带保护套要保持完好，以防绳子被磨损。若发现保护套损坏或脱落，必须更换新套后再使用。

（7）安全带严禁擅自接长使用。如果使用 3m 及以上的长绳时必须要加缓冲器，各部件不得任意拆除。

（8）安全带不使用时要妥善保管，不可接触高温、明火、强酸、强碱或尖锐物体，不要存放在潮湿的仓库中。

（9）安全带在使用两年后应抽验一次，频繁使用的安全带应定期进行外观检查，发现异常必须立即更换。

（四）防护服的分类及穿着要求

建筑施工现场作业人员均应穿着工作服。焊工的工作服一般为白色，其他工种的工作服没有颜色的限制。防护服的种类主要有：全身防护型工作服、防毒工作服、耐酸工作服、耐火工作服、隔热工作服、通气冷却工作服、通水冷却工作服、防射线工作服、劳动防护雨衣、普通工作服。

建筑施工现场对作业人员防护服的穿着要求是：

（1）作业时必须穿着工作服；

（2）操作转动机械时，袖口必须扎紧；

（3）从事特殊作业的人员必须穿着特殊作业防护服；

（4）焊工工作服应由白色帆布制作。

（五）防护眼镜的分类及配戴要求

物质的颗粒和碎屑、火花和热流、耀眼的光线和烟雾都会对眼睛造成伤害，这就要求必须根据防护对象的不同选择和使用相应的防护眼镜。

（1）防打击的护目眼镜有三种：①硬质玻璃片护目镜；②胶质黏合玻璃护目镜（受冲击、击打破碎时呈龟裂状，不飞溅）；③钢丝网护目镜。它们能防止金属碎片或碎屑、砂尘、石屑、混凝土屑等飞溅物对眼部的伤害。从事金属切削作业、混凝土凿毛作业、手提砂轮机作业等的人员适合于佩戴这种护目镜。

（2）防紫外线和强光用的防紫外线护目镜和防辐射面罩。焊接工作使用的防辐射线面罩应由不导电材料制作，观察窗、滤光片、保护片尺寸吻合，无缝隙。护目镜的颜色是混合色，以蓝、绿、灰三色搭配的为好。

（3）防有害液体的护目镜主要用于防止酸、碱等液体及其他危险注入体与化学药品对眼的伤害。一般情况下，镜片用普通玻璃制作，镜架用非金属耐腐蚀材料制成。

（4）在镜片的玻璃中加入一定量的金属铅面制成的铅制玻璃片的护目镜，主要是为了防止 X 射线对眼部的伤害。

（5）防灰尘、烟雾及各种有轻微毒性或刺激性有毒气体的防护镜必须密封、遮边、无通风孔，与面部接触严密，镜架要耐酸、耐碱。

（六）防护鞋的分类及穿着要求

防护鞋的种类比较多，如皮安全鞋、防静电胶底鞋、胶面防砸安全鞋、绝缘皮鞋、低压绝缘胶鞋、耐酸碱皮鞋、耐酸碱胶靴、耐酸碱塑料模压靴、高温防护鞋、防刺穿鞋、焊接防护鞋等。应根据作业场所和内容的不同选择使用。

建筑施工现场常用的防护鞋有绝缘靴（鞋）、焊接防护鞋、耐酸碱橡胶靴及皮安全鞋等，其中以绝缘鞋最为常用。对绝缘鞋的穿着要求有：

（1）必须在规定的电压范围内使用。

（2）绝缘鞋（靴）胶料无破损，且每半年作一次预防性试验。

（3）在浸水、油、酸、碱等条件下不得作为辅助安全用具使用。

（七）防护手套的分类及使用要求

施工现场涉及人的一切作业，大部分都是由双手操作完成的。对手的安全防护主要靠手套。使用防护手套时，必须在对工件、设备及作业情况分析之后，选择适当材料制作的防护手套。但是对于需要精细调节的作业，戴防护手套不便于操作，尤其对于使用钻床、铣床和传送机及具有夹挤危险的操作人员，若使用手套，则有被机械缠住或夹住的危险。所以从事这些作业的人员，严禁使用防护手套。

建筑施工现场常用防护手套的种类和使用要求如下：

（1）劳动保护手套。具有保护手和手臂的功能。

（2）带电作业用绝缘手套。要根据电压选择适当的手套，检查表面有无裂痕、发黏、发脆等情况，如有异常禁止使用。

（3）耐酸、耐碱手套。主要用于接触酸和碱时穿戴。

（4）橡胶耐油手套。主要用于接触矿物油、植物油及脂肪簇等各种溶剂作业时穿戴。

（5）焊工手套。电工、火焊工作业时戴的防护手套，应检查皮革或帆布表面有无僵硬、薄档、洞眼等缺陷，如有缺陷，则应及时更换新手套。手套要足够长，手腕部不能裸露在外边。

（八）常用安全护具的检验方法

常用的安全护具必须认真进行检查、试验，如应检查安全网是否有杂物、是否被坠物损坏或被吊装物撞坏，安全帽被物体击打后是否有裂纹等。对安全护具的检测试验要按要求进行。

（1）安全帽。用 3kg 重的钢球，从 5m 高处垂直自由坠落，安全帽在这样的冲击下应不被破坏。试验时应用木头做一个半圆人头模型，将试验的安全帽内缓冲弹性带系好放在模型上。各种材料制成的安全帽试验都可采用此方法。检验周期为每年一次。

（2）安全带。按照国家规定，出厂试验是取荷重 120kg 的物体，从 2 ～ 2.8m 高架上冲击安全带，安全带各部件无损伤即为合格。

工地可根据实际情况，在满足试验荷重标准的情况下，因地制宜采取一些切实可行的办法。常用方法为：采用麻袋，由木屑刨花等作为填充物，再加铁块，以达到试验负荷的重量，用实验专用的架子，进行动、静荷重试验。

锦纶安全带配件极限拉力指标为：腰带 1200 ～ 1500kg，背带 700 ～ 1000 kg，安全绳 1500 kg，挂钩圆环 1200 kg，固定卡子 60 kg，腿带 700 kg。

安全带的负荷试验要求是：施工单位对安全带应定期进行静负荷试验。试验荷重为 225 kg，吊挂 5min，检查是否存在变形、破裂等情况，并做好记录。

安全带的检验周期为：每次使用安全带之前，必须进行认真的检查。对使用两年后的安全带进行抽样检查，旧安全带每隔 6 个月进行一次抽检。

需要注意的是，凡是做过试验的安全护具，不应再使用。

（3）个人防护用品的检查还必须注意：

①产品是否有“生产许可证”；

②产品是否有“产品合格证书”；

③产品是否满足该产品的有关质量要求；

④产品的规格及技术性能是否与作业的防护要求吻合。

（九）安全网的使用方法

安全网是用来防止人、物坠落，或用来避免、减轻坠落及物击伤害的网具，一般由网体、边绳、系绳等构件组成。

根据使用功能，安全网可以分为三类：

①平网是指安装平面与水平面平行，用来防止人或物坠落的安全网；

②立网是指安装平面垂直于水平面，用来防止人或物坠落的安全网；

③密目式安全网是指网目密度不低于 800 目 /100cm^2，垂直于水平面安装，用于防止人员坠落及坠物伤害的安全网。一般由网体、开眼环扣、边绳和附加系绳组成。

安全网的一般使用原则如下：

（1）安全网的每根系绳都应与构架系结，四周边绳（边缘）应与支架贴紧，系结应符合打结方便、连结牢固又容易解开、工作中受力不易散脱的原则。有筋绳的安全网安装时还应把筋绳连接在支架上。

表1　相邻两系绳间距

安全网类别	相邻两系绳间距（m）
平网	≤ 0.75
立网	≤ 0.75
密目式安全网	≤ 0.45

（2）平网网面不宜绷得过紧，平网与下方物体表面的最小距离应不小于3m。两层平网间距不得超过10m。

（3）立网网面应与水平面垂直，并且与作业边缘最大间缝不超过10cm。

（4）安装后的安全网应经专人检验后，方可使用。

（5）对使用中的安全网，应进行定期或不定期的检查，并及时清理网上杂物。在网面经受过较大冲击后应及时更换新的网面。

安全小贴士

个体防护要求

1. 接触粉尘作业的工作场所需穿戴粉尘防护用品，如防尘口罩、防尘眼镜、防尘帽、防尘服等。

2. 接触有毒物质作业的工作场所必须穿戴防毒用品，如防毒口罩、防毒面具等。

3. 有物体打击危险的工作场所必须戴安全帽、穿防护鞋。

4. 在2m以上高度作业时必须系安全带。

5. 从事可能造成对眼睛伤害的作业，必须戴护目镜或防护面具。

6. 从事有可能被传动机械绞辗、夹卷伤害的作业，必须穿戴全身工作服，女工必须戴防护帽，不能戴防护手套，不能佩戴悬露的饰物。

7. 噪声超过国家标准的工作场所必须戴防噪声耳塞或耳罩。

8. 高温、高寒作业时，必须穿戴防高温辐射或防寒护品。

第二章

脚手架违章行为典型案例及规范操作方法

- 一、脚手架违章行为
- 二、典型案例分析
- 三、规范操作方法及规定

一、脚手架违章行为

脚手架是指施工现场为方便工人操作并解决垂直和水平运输问题而搭设的各种支架。《建筑施工扣件式钢管脚手架安全技术规范》（JCJ130—2011）已经于2011年12月1日起正式实施。在脚手架的设计计算、搭设与拆除、架体结构等方面提出了许多新的要求。在施工作业中，常见的违章行为有：

（1）脚手架过高时仍使用支杆，未增设抱箍或连墙件。

（2）施工平台无架板，直接踩在架管上。

（3）斜道缺少防护条。

（4）脚手架立杆不足且倾斜严重，横杆套在钢筋上，使用方子木代替架板且无安全带拴挂点，相邻架杆间距过大，无扫地杆。

（5）高处施工平台、步道护栏未完善，未拉伸密目网防止落物伤人。

（6）脚手架上集中堆放材料。

（7）脚手架验收牌存在错误。

（8）架子工未按规定搭设脚手架：作业层无双道防护栏杆，脚手板未按规定铺设或绑扎；脚手架或施工吊架，未设置施工人员上下和行走的安全通道或爬梯。

（9）脚手架搭设不符合规范要求。

①脚手架操作层防护不规范。②密目网、水平兜网系结不牢固，未按规定设置随层兜网和层间网。③脚手板设置不规范。④悬挑架等设置不规范。

（10）脚手架材质不符合要求，使用前未进行必要的试验检查。

（11）脚手架搭设与拆除方案不全面，安全技术交底无针对性。项目部重视施工现场、忽视安全管理资料，安全技术交底仍停留在“进入施工现场必须戴安全帽”的层次上，缺乏针对性。应当编制专项安全技术方案，如脚手架搭设与拆除、基坑支护、模板工程、临时用电、塔机拆装等。

（12）作业人员安全意识淡薄，自我保护能力差。一是表现在架子工从事脚手架搭设与拆除工作时，未按规定正确佩戴安全帽和安全带。许多作业人员自恃“艺高人胆大”，嫌戴安全帽工作麻烦，认为不戴安全帽或不系安全带，只要小心一些就不会出事，由此导致的高处坠落事故时有发生。二是表现在作业人员危险意识差，对可能遇到或发生的危险估计不足，对施工现场存在的安全防护不到位等问题不能及时发现。

（13）安全检查不到位，未能及时发现事故隐患。在脚手架的搭设与拆除和在脚手架上作业过程中发生的伤亡事故，大都存在违反技术标准和操作规程等问题，但施工现场的项目经理、工长、专职安全员在定期安全检查、平时抽查中，均未能及时发现问题，或发现问题后未及时整改和纠正，对事故的发生负有一定责任。

二、典型案例分析

案例 1 脚手架不当搭设坍塌伤人事故

（一）事故经过

2010 年 9 月 9 日上午，某市区内施工人员在拆除一大厦沿路一面搭建的脚手架时，外墙脚手架突然坍塌，导致现场多名施工人员被压在倒塌的脚手架下，停在路边的两辆皮卡车、一辆货车和一辆小车都被脚手架钢管砸中，挡风玻璃和车体都有不同程度受损。这次事故共造成 3 人重伤，7 人轻伤。

（二）原因分析

1．直接原因

（1）违章作业。建筑现场一线作业人员职业素质较低，技术交底和安全培训不到位。作业人员将部分连墙杆件拆除，拆除作业时安全措施不到位，且脚手架受力不均。

（2）作业缺乏指挥与监督。调查显示，在拆除作业时地面施工人员来回走动不受限制，交通道路上未作明显标志提示。因此，本起事故与施工现场监管不力，未能及时发现事故苗头，施工方和监理方未认真履行职责直接相关。

2．间接原因

（1）模板支撑系统搭设习惯不良。在脚手架搭设高度较高时，由于钢管长度限制，立杆必须采用对接扣件接长，但在施工中往往习惯采用回转扣件连接的方法。这种对接方式容易产生偏心力，对立杆稳定不利。

（2）安全观念薄弱。由于动工前期连续多天降雨，造成现场局部地基松动、下陷，但未及时检查、处理，最终导致脚手架坍塌。

（3）钢管质量不合格。经过多年使用后，部分钢管因各种原因产生了变形，然而施工单位和有关监督部门极少对模板支撑和脚手架构件进行合格检查。

（三）防范措施

（1）调整项目领导班子，充实安全管理、技术力量，由公司副经理担任项目经理，并从集团抽调一名注册房建结构工程师担任项目总工程师；质量安全保障部增加一名经验丰富的专职安全员。

（2）加强专项施工方案的编制和安全技术交底工作。按规程操作，杜绝违章冒险蛮干或仅凭经验办事。

（3）应对所用钢管、扣件进行全过程监管。要做到从根本上杜绝劣质钢管，政府部门必须加大监管力度，严格市场准入制度。施工单位要严格按国家标准规范搭建施工脚手架，必须购买、租用具有产品质量合格证明、检测证明和产品标志的钢管、扣件；使用前后都必须严格按照有关技术的规定，将钢管、扣件送法定单位经行检测。

案例 2　脚手架超载坍塌事故

（一）事故经过

2010 年 5 月，射阳县玉龙建筑工程有限公司非法借用该县振阳建筑工程有限公司施工资质，通过议标方式，承揽江苏青华环境工程有限公司新厂区的土建工程，随后又分别与无资质个体包工头顾某某、杨某某签订了项目分包协议，顾某某再次将脚手架搭设转包给无特种作业资质人员进行施工作业。该建设工程监理单位——盐城市永安建设工程监理有限公司聘用无工程监理资格的人员从事现场监理工作。

2011 年 1 月 15 日早晨 6 时 30 分左右，当地风力达到七级，10 名瓦工陆续攀爬上厂房南墙外脚手架上准备砌墙，6 名辅工在地面准备材料。7 时 15 分左右，脚手架发生坍塌，造成 8 人轻伤。

（二）原因分析

1．直接原因

（1）脚手架严重超载，架体变形失稳。按照脚手架安全管理规定，架体上的施工荷载必须符合设计要求，严禁超载使用。

（2）脚手架局部搭设不规范。脚手架的安装必须严格执行专项施工方案、安全技术交底和安全技术操作规程，应有防止高空坠落和落物伤人的防护措施。

（3）风速影响脚手架及荷载物整体稳定。按照规定，遇有六级以上大风、浓雾、大雪及雷雨等恶劣天气，不得进行室外脚手架作业。

2．间接原因

（1）玉龙建筑工程有限公司非法借用振阳建筑工程有限公司施工资质承揽工程业务，非法转（分）包工程。施工现场管理混乱，安全教育培训不到位，违章作业，野蛮施工，未能及时采取措施消除事故隐患。

（2）振阳建筑工程有限公司非法出借施工资质，提供虚假情况。

（3）青华环境工程有限公司明知玉龙建筑工程有限公司不具备安全生产条件，仍允许其以他人名义承揽本公司建设项目施工业务。

（4）永安建设工程监理有限公司现场监理工作不力，聘用无工程专业监理资格的人员从事现场监理工作，对施工现场存在的安全隐患，未能及时组织排查和督促施工单位整改。

（5）射阳经济开发区管委会、射阳县住房与城乡建设局监管不到位。

（三）防范措施

(1)全面提高安全生产认识。要认真吸取这起事故的教训，坚持"安全第一，预防为主，综合治理"的方针，加大安全生产宣传教育力度，切实提高对安全生产工作重要性和必要性的认识。

（2）切实增强法制观念。要严格遵守安全生产和建筑工程有关法律法规。对新建、改建、扩建工程必须履行法定程序，严禁生产经营单位外借施工资质，或无资质单位、个人借用施工资质承揽工程，严禁工程施工非法分包、转包。强化职工"三级"安全教育，未经培训合格不得上岗作业。强化特种作业人员的管理，未持证的特种作业人员不得上岗作业。

（3）迅速排查事故隐患。认真开展安全生产大检查，对可能发生事故的各个环节、各个场所、各个岗位进行全面彻底的排查。对排查出的各类事故隐患，必须迅速落实整改人员、资金、措施，在规定的期限内整改到位。建设工程监理公司在抓好工程质量监理的同时更要抓好工程的安全管理，对施工过程中的每个环节，特别是对技术性强、工艺复杂的项目一定要跟踪到位，严格执行签字验收制度。

（4）强化施工项目监管。要认真履行职责，加强对建设工程监管力度，对不具备施工安全条件、未履行行政许可程序的项目不得开工建设。要组织开展打击非法挂靠、非法转包的专项治理行动，加大执法力度，严厉打击非法违法行为，对不符合安全生产条件的施工单位要坚决依法查处。

（5）层层落实安全生产责任。要严格落实安全生产责任制和安全生产"一岗双责"制度，认真履行安全生产职责，切实将政府部门安全生产监管责任和企业安全生产主体责任落实到位。

案例3 脚手架下降不规范致使倒塌事故

（一）事故经过

2014年9月10日上午8时30分许，位于某大厦的在建30层高楼，正在该楼东侧外墙作业的附着式脚手架突然从20层坠落，致使正在做外墙装饰的12名工人被压，当场造成7人死亡，5人受伤。受伤的5人均为颅脑重型损伤，胸、腹部多处骨折，在救治过程中有3名伤员因伤势过重，抢救无效死亡，这次事故共造成10人死亡、2人受伤，整个坍塌过程持续时间不到5秒。

（二）原因分析

1. 直接原因

附着式脚手架在准备下降时，应先按照规定悬挂电葫芦，然后撤离架体上的人员，最后拆除定位承力构件，之后方可进行下降。但在这次事故中，作业人员在没有悬挂电葫芦、撤离架体上人员的情况下，就直接进行脚手架下降作业，导致坠落事故的发生。

2. 间接原因

（1）脚手架的搭设不规范是造成本起事故伤亡惨重的原因之一。一是脚手架的操作防护层不规范，未按规定设置密目网和水平网；二是悬挑架设置不规范，直接影响了脚手架的稳定性。

（2）作业人员安全意识淡薄，自我保护能力差。高处作业时未按规定系安全带，对可能发生的危险估计不足，也未能及时发现施工现场安全防护不到位等问题。

（三）防范措施

（1）加强培训教育，提高安全意识，增强自我保护能力，杜绝违章作业。安全生产教育培训是实现安全生产的重要基础工作，企业要完善内部教育培训制度。脚手架等特殊工种作业人员必须做到持证上岗，并每年接受规定学时的安全培训。

（2）严格执行脚手架搭设与拆除的有关规范和要求。脚手架安装、拆卸人员必须经过建设行政主管部门培训考试合格，持证上岗，并在合格证有效期内从事脚手架安装架设和拆除作业。

案例 4 脚手架拆除发生倾斜坠落事故

（一）事故经过

某承包商承建的商品房开发小区 A 标段 17 号房，系 11 层框架结构，建筑面积 7690m²，外墙保温施工时搭设了双排钢管脚手架。施工结束后项目经理部安排了脚手架的拆除工作。由于第一天的实际拆除工作进度太慢，架子工班长私下从瓦工班借来 5 名刚刚进场的工人，帮助进行第二天的拆架工作。这 5 名工人并非专业架子工，进场时没有接受“三级”安全教育，为了多干点活，拆除作业前架子工班长只对他们简单地说了几句注意安全的话，就让他们登上了架子。一开始拆得较顺利，当拆除到 24m 时，脚手架突然发生严重倾斜，5 名工人在晃动中全部坠地，最终造成 2 人死亡，3 人重伤。

（二）原因分析

1．直接原因

拆除人员首先将脚手架的连墙件拆除，上、下层同时作业，引起局部脚手架严重倾斜、失稳，施工人员的违章作业直接导致了事故的发生。

2．间接原因

（1）出事的 5 名脚手架拆除人员不是架子工，没有特殊工种操作上岗证，不具备拆除脚手架的技能，没有意识到拆除脚手架的危险性，安全意识淡薄。

（2）施工项目部未对进场的新工人进行“三级”安全教育，架子工班长对拆除工作人员的安全技术交底不彻底、不到位，只进行了简单的安全说教。

（三）防范措施

（1）遵章拆除。脚手架的拆除工作应由持证上岗的架子工承担，非架子工从事脚手架的拆除本身就存在着极大的危险。脚手架的拆除要严格按照规范规定的拆除顺序拆除，先搭的后拆，后搭的先拆；上、下层不同时拆，松动有危险的加固后再拆。

（2）规范施工。脚手架搭设前，搭设方案应由施工单位技术负责人和监理单位总监理工程师审批；搭设完成后，施工单位项目经理应组织安全员和施工员对脚手架的搭设质量进行自检合格验收，之后才能投入使用。脚手架交付使用时，应有技术和安全两个方面的书面交底。

（3）保证材质。钢管脚手架的质量受两方面因素影响，一方面是钢管的材料质量，另一方面是脚手架的搭设质量。因此，针对由钢管材质不合格导致钢管脚手架发生的局部倾覆事故，应控制钢管原材的质量，使其壁厚、内外径等指标符合规范要求；控制脚手架的搭设质量，使其局部和整体稳定性符合要求。

案例5　脚手架上违规操作致人坠亡事故

（一）事故经过

某办公楼工程为8层框架结构，总高度28m。外脚手架为落地扣件式钢管脚手架。事发当天下午，混凝土工张某被架子工班长胡某安排搭设三楼脚手架，张某在未系安全带的情况下，站在自放的钢模板上操作，没有对该模板采取任何固定措施。

施工过程中张某在脚手板上失去重心随钢管从8.4m高处一同坠落，安全帽跌落在2m以外的地方。送医院后，因失血过多，抢救无效于当日死亡。

（二）原因分析

1．直接原因

张某因未经脚手架搭设技术培训，无操作证上岗作业，安全意识淡薄，对工程处的一些规章制度遵守不严。虽戴安全帽，但安全帽不系帽带且高处施工时未系安全带，不按操作规程施工，在搭设过程中对关键部位操作要领领会不清，是造成这起事故的直接原因。

2．间接原因

（1）架子工班长胡某安全意识差，严重违章指挥。胡某明知张某从事的是混凝土工工作，未接受过架子工专业技能培训，在其不具有架子工操作证、未系安全带和无安全防护的情况下，置安全操作规程于不顾，任其进行高处脚手架搭设。

（2）项目部负责人在与胡某签订脚手架承包协议时，只强调必须持证上岗，而未认真核验特殊工种操作证的落实情况。

（3）工地负责人发现张某违反操作规程施工时，虽口头指出，但未能严厉制止、消除隐患。

总之，违章指挥和盲目冒险蛮干，忽视对特种作业人员的管理是造成这起事故的间接原因。

（三）防范措施

（1）要认真贯彻执行安全生产法规体系，严格执行特种作业人员管理的有关规定，做到有法必依、违法必究，用法律手段规范企业安全生产行为，杜绝违章指挥。

（2）施工现场的安全防护要按规定、规程和标准制定出切实可行的措施，各种安全防护要到位，以确保操作人员的安全，高空作业人员必须系安全带。安全防护设施不符合规定者，不得上岗。

（3）高空作业人员必须熟悉《建筑安装工人安全技术操作规程》和《建筑施工高处作业安全规范》中的有关规定，并认真执行。

（4）加强特殊工种工程承包协议的安全管理工作。加强职工安全教育和特种作业人员培训工作，使职工有识别和排除危险作业的能力，提高职工安全意识，加强对特种作业人员的专业培训考核力度，经考核合格后方能让其上岗，并与之签订安全生产合同，保证安全生产。

（5）企业必须有切实可行的安全生产管理制度和安全管理网络体系。明确各级管理人员的安全生产责任，提高企业及管理人员的素质，夯实安全工作基础。

案例 6 脚手架搭设过程中出现坍塌事故

（一）事故经过

2011 年 4 月 27 日下午，某建筑公司一施工队在沿大厦搭设脚手架时，外墙脚手架突然坍塌，整个施工队 13 人全部被压在脚手架下，路过的 3 名行人和 2 辆汽车也被砸中。事后统计，本次事故共造成 5 人死亡，11 人受伤，直接经济损失超过 700 万元。

（二）原因分析

1．直接原因

（1）一线作业人员多为刚刚招募的年轻人，缺乏脚手架搭设经验且安全意识不强，在未取得特种作业从业人员操作证的情况下违章作业，施工前的技术交底和安全培训不到位。

（2）搭设脚手架的钢管质量不合格，许多钢管存在严重超期限使用和严重变形的情况，施工单位和有关监督部门却没有落实对施工现场的安全检查监督工作。

2．间接原因

（1）施工作业缺乏指挥和监管，施工现场管理混乱，出现许多妨碍安全施工的因素。在搭设脚手架时地面施工人员来回走动不受限制，且交通道路上未做明显标志提示。

（2）该建筑公司技术交底工作不力，对从业人员没有进行职业技能培训就指派其直接上岗，且施工现场监理工作不到位，对施工现场存在的安全隐患，未能及时组织排查和督促施工单位整改。

（三）防范措施

（1）切实增强法制观念。各施工单位要严格遵守安全生产有关法律法规，对新建工程严格履行法定的行政许可程序，同时强化职工“三级”安全教育，未经培训合格，不得上岗作业。强化对特种作业人员的管理，未持证的从业人员不得上岗作业。

（2）要层层落实安全生产责任，专项工作专人负责，扎扎实实做好安全生产工作，迅速及时整改事故隐患，认真开展安全生产大检查，对可能发生事故的各个环节、各个场所、各个岗位进行全面彻底的排查。

三、规范操作方法及规定

（一）脚手架工程安全操作办法

（1）脚手架的立杆应垂直稳放在金属底座或垫木上，立杆间距不得大于 2m，大横杆间距不得大于 1.8m，小横杆间距不得大于 1.5m，立杆、大横杆接头错开。

（2）单排脚手架的小横杆深入墙内不得小于 24cm，伸出大横杆不得小于 10cm，通过门窗和通道时，小横杆的间距大于 1m 时应绑吊杆。

（3）18cm 厚的砖墙、空斗墙不得使用单排脚手架，脚手架的负荷量，每平方米不能超过 270kg，不得集中堆放大量材料，如果负荷量必须加大，应按照施工方案进行架设。

（4）脚手架两端、转角处及每隔 9 ～ 15m 处应设剪刀撑，剪刀撑与地面的角度不大于 60°，拉节点应按三步三跨或二步三跨设置。

（5）架子的铺设宽度不得小于 1.2m，脚手板需铺满，离墙面不得大于 20cm，不得有空隙和探头板。脚手板搭接时不得小于 20cm，对头接时应架设双排小横杆，间距不大于 30cm。

（6）翻脚手板应两人由里往外按顺序进行，在铺第一块或翻到最外一块脚手板时，必须系牢安全带。

（7）上料斜道的铺设宽度不得小于 1.5m，坡度不得大于 30°，防滑条的间距不得大于 30cm。

（8）脚手架的外侧、斜道和平台，要绑 1m 高的防护栏杆并钉 18cm 高的挡脚板。

（9）脚手架的两端、转角处及每隔 6 ～ 7 根立杆处应设置支杆。脚手架高度在 7m 以上及无法设置支杆时，竖向每隔 4m，横向每隔 7m 必须与建、构筑物牢固连接。

（10）施工平台需铺设架板（至少 2 块架板并绑扎牢固），同时高挂安全带防止坠落事故发生。施工平台、步道或跳板等均不得使用单板，应至少使用双板并绑扎牢固。

（11）高处施工平台或步道（高于 4m）需拉伸防护立网，防止人或物坠落。

（12）脚手架要求每月一验，恶劣天气后要重新验收。

（二）脚手架搭设与拆除规范

1．脚手架作业防护要求

（1）脚手板：脚手架作业层应满铺脚手板，板与板之间紧靠，离开墙面120～150mm；当作业层脚手板与建筑物之间缝隙大于150mm时，应采取防护措施。脚手板一般应搭设至少两层，上层为作业层，下层为防护层。只设一层脚手板时，应在脚手板下设随层兜网。自顶层作业层的脚手板向下宜每隔12m满铺一层脚手板。

（2）防护栏杆和挡脚板：均应搭设在外立杆内侧；上栏杆上面高度应为120mm，挡脚板高度180mm，中栏杆应居中设置。

（3）密目网与兜网：脚手架外排立杆内侧，要采用密目式安全网全封闭。密目网必须用符合要求的系绳将网周边每隔45cm系牢在脚手管上。建筑物首层要设置兜网，向上每隔3层设置一道，作业层下设随层网。兜网要采用符合质量要求的平网，并用系绳系牢，不可留有漏洞。密目网和兜网破损时，不得使用。

2．连墙件的设置要求

（1）连墙件宜靠近主节点设置，偏离主节点的距离不应大于0.3m；应从底层第一步纵向水平杆开始设置，否则应采用其他可靠措施固定。

（2）宜优先采用菱形布置，也可采用方形、矩形布置；一字形、开口型脚手架的两端必须设置连墙件，连墙件的垂直间距不应大于建筑物的层高，并不应大于4m。

（3）高度24m以下的单、双排架，宜采用刚性连墙件与建筑物可靠连接，亦可采用拉筋和顶撑配合使用的附墙连接方式，严禁使用仅有拉筋的柔性连墙件；高度24m以上的双排架，必须采用刚性连墙件与建筑物可靠连接；连墙件中的连墙杆或拉筋宜水平设置，当不能水平设置时，与脚手架连接的一端应下斜连接，不应采用上斜连接。

3．剪刀撑的设置要求

（1）剪刀撑斜杆应与立杆和伸出的横向水平杆进行连接；剪刀撑斜杆的接长均采用搭接。每组剪刀撑跨越立杆根数为5～7根。

（2）高度在24m以下的单、双排脚手架，必须在外侧立面的两端各设置一组剪刀撑，由底部到顶部随脚手架的搭设连续设置；高度24m以上的双排架，在外侧立面必须沿长度和高度连续设置。

4. 横向水平杆的设置要求

主节点处必须设置一根横向水平杆，用直角扣件扣接且严禁拆除；作业层上非主节点处的横向水平杆，宜根据支撑脚手板的力度需要等间距设置，最大间距不应大于纵距的 1/2；使用钢脚手板、木脚手板、竹串片脚手板时，双排架的横向水平杆两端均应采用直角扣件固定在纵向水平杆上。

5. 脚手架拆除前的准备工作

全面检查脚手架的扣件连接、连墙件、支撑体系是否符合构造要求；根据检查结果补充完善施工方案中的拆除顺序和措施，经主管部门批准后实施；由工程施工负责人进行拆除安全技术交底；清除脚手架上杂物及地面障碍物。

6. 脚手架拆除时的注意事项

拆除作业必须由上而下逐层进行，严禁上下同时作业；连墙件必须随脚手架逐层拆除，严禁先将连墙件整层或数层拆除后再拆脚手架，分段拆除高差不应大于 2 步，如大于 2 步应增设连墙件加固；当脚手架拆至下部最后一根长立杆的高度时，应先在适当位置搭设临时抛撑加固后，再拆除连墙件；当脚手架分段、分立面拆除时，对不拆除的脚手架两端，应按照规范要求设置连墙件和横向斜撑加固；各构配件严禁抛掷至地面。

（三）脚手架定期检查项目

因安全防护用具及构配件不合格而造成的伤亡事故占有很大比例，因此，施工企业必须从进货的关口把住产品质量关，保证进入施工现场的产品必须是合格产品。

脚手架使用中，应定期检查下列项目：

（1）杆件的设置和连接，连墙件、支撑、门洞桁架等的构造是否符合要求。

（2）地基是否积水，底座是否松动，立杆是否悬空。

（3）扣件螺栓是否松动。

（4）立杆的沉降与垂直度的偏差是否符合规范规定。

（5）密目网、兜网、操作层的护栏等安全防护措施是否符合要求。

（6）操作层是否存在超载现象。

（四）脚手架搭设与拆除方案及安全技术交底规定

安全防护方案是规定施工现场如何进行安全防护的文件，所以必须针对现场的施工环境、施工方法及人员配备等情况进行编制，制定切实有效的防护措施，并认真落实到工程项目的实际工作中。

（1）编制依据主要是《建筑施工扣件式钢管脚手架安全技术规范》（JCJ130－2001）、《建筑施工安全检查标准实施指南》、工程施工组织设计、施工图纸等。

（2）工程概况及施工条件。

（3）脚手架结构形式选择、基础处理、搭设要求、杆件间距、连墙件设置位置、连接方法，并绘制施工详图及大样图。

（4）落地式外脚手架的搭设高度超过规范规定的要进行设计计算，设计计算的内容包括纵向、横向水平杆等受弯构件的强度和连接扣件的抗滑承载力计算；立杆的稳定性计算；连墙件的强度、稳定性和连接强度的计算；立杆地基承载力计算等。

对 50m 以下的常用敞开式双排脚手架（单排允许高度≤ 24m），采用规范规定的构造尺寸，且符合构造规定时，相应杆件可不再进行设计计算。但连墙件、立杆地基承载力等仍应根据实际荷载进行设计计算。

当搭设高度在 25 ～ 50m 时，应对脚手架整体稳定性进行加强。纵向剪刀撑必须连续设置，并增加横向剪刀撑，连墙件强度也应相应提高，间距缩小。在多风地区对搭设高度超过 40m 的脚手架，考虑风涡流的上翻力，应在设置水平连墙件的同时，考虑采取抗上翻流作用的连墙措施等。

当搭设高度超过 50m 时，可采用双立杆加强或采用分段卸荷，沿脚手架全高分段将脚手架与梁板结构用钢丝绳吊拉，将脚手架的部分荷载传给建筑物承担；或采用分段搭设，将各段脚手架荷载传给由建筑物伸出的悬挑梁、架承担，并要进行必要的设计计算。

多层悬挑的脚手架，必须经设计计算确定。其内容包括：悬挑梁或悬挑架的选材及搭设方法，悬挑梁的强度、刚度、抗倾覆验算，与建筑结构连接做法及要求，上部脚手架立杆与悬挑梁的连接等。悬挑架的节点应该采用焊接或螺栓连接，不得采用扣件连接做法。

（5）脚手架搭设方案由施工现场技术负责人编制，经上一级技术部门、安全部门审核，公司或分公司技术负责人审批后执行。施工方案应与施工现场搭设的脚手架类型相符，当现场因故需要改变脚手架类型时，必须重新修改脚手架方案并经审批后，方可施工。方案经审定后，必须遵照执行，不得随意变更。如遇特殊情况需要变更的，应由编制人出具变更通知单、审批人签发后方可生效。

（6）严格执行安全技术交底制度。安全技术交底在正式作业前进行，不但需要口头讲解，同时应有书面文字材料，并履行签字手续，施工负责人、生产班组、现场安全员各留一份。安全技术交底主要包括两方面的内容：一是在施工方案的基础上进行的，按照施工方案的要求，对施工方案进行细化和补充；二是要将操作者的安全注意事项讲明，保证操作者的人身安全。交底内容不能过于简单，流于形式，应按分部分项工程和针对作业条件的变化具体进行。

安全小贴士

脚手架在施工过程中的安全控制措施

（1）脚手架工程必须由施工项目的工程技术人员依据脚手架安全技术规范编制专项施工方案，并附具安全验收结果，经项目负责人、总工程师及项目总监理工程师签认后实施。

（2）对高大异型脚手架工程的专项施工方案及安全验收结果，所属各施工单位应组织技术、安全专家进行论证、审查，提出对施工方案的书面意见。项目负责人、总工程师必须认真采纳专家提出的建议。

（3）项目总工程师应组织技术人员对有关安全施工的技术要求向作业班组、作业人员作出详细说明。

（4）施工项目负责人应组织工程技术人员、安全人员等对钢管、扣件、脚手板等构配件和脚手架支搭的质量进行检查验收，质量不符合有关脚手架技术要求、安全标准的一律不得使用。

（5）脚手架搭设人员必须是专业架子工，并经体检后，持特种作业证上岗。作业中必须按规定戴安全帽、系安全带、穿防滑鞋。

（6）现场专职安全管理人员应现场监督安全技术交底的执行情况，对违反规定和施工方案的行为和隐患必须及时制止和排查。

第三章

孔洞、临边防护违章行为典型案例及规范操作方法

- 一、孔洞、临边防护违章行为
- 二、典型案例分析
- 三、规范操作方法及规定

一、孔洞、临边防护违章行为

孔洞和临边是指施工过程中，各种井、坑、沟、槽、吊物孔及楼梯孔、通道口、卸料平台口和安装预留孔洞以及各层楼面临边等。

（一）孔洞防护违章行为

（1）施工现场、高处作业区域的孔洞无牢固盖板、防护护栏、安全网或其他防止坠落的防护措施，或孔洞盖板、防护护栏、安全网等防护设施上无安全警示标志。

（2）钢管桩、钻孔桩等桩孔上口，杯形、条形基础上口，电梯井口，未填土的坑槽，以及人孔、天窗、地板门等处，未按规定设置稳固的盖件。

（3）在高处作业时，施工材料、工器具等随意放在孔洞附近。

（4）在高处作业时，在孔洞旁追跑、打闹、打架等。

（5）作业时，孔洞旁切断、焊接的下脚料不及时清理，随意堆砌在孔洞旁边。

（6）拆除孔洞盖板、围栏时未按规定设置明显的警告标志。

（7）施工现场通道附近的各类洞口与坑槽等处，未按规定设置防护设施与安全标志，夜间未设红灯示警。

（二）临边防护违章行为

（1）基坑周边，尚未安装栏杆或栏板的阳台、料台与挑平台周边，雨篷与挑檐边，无外脚手的屋面与楼层周边及水箱与水塔周边等处，未按规定设置防护栏杆。

（2）头层墙高度超过 3.2m 的二层楼面周边，以及无外脚手且高度超过 3.2m 的楼层周边，未按规定在外围架设一道安全平网。

（3）分层施工的楼梯口和梯段边，未安装临时护栏；顶层楼梯口未随工程结构进度安装正式防护栏杆。

（4）井架与施工用电梯和脚手架等与建筑物通道的两侧边，未设防护栏杆；地面通道上部未装设安全防护棚；双笼井架通道中间，未予以分隔封闭。

（5）各种垂直运输接料平台，两侧未设防护栏杆，且平台口未设置安全门或活动防护栏杆。

（6）高处作业时，施工材料、工器具等放在临边附近；作业时，临边处切断、焊接的下脚料不及时清理。

（7）高处作业时，在临边处追跑、打闹、打架等。

二、典型案例分析

案例1 上海某工地发生坠落事故

（一）事故经过

2012年1月14日，在上海某总公司总包、某装潢有限公司分包的工地上，分包单位现场负责人王某，未经项目部同意，擅自安排本公司两位职工到4号房13层封闭施工墙面过人洞，普工李某负责用小推车运送砌筑砖块。上午7时左右，李某在运砖时，由于通道狭窄，小推车不能直接穿过墙面洞口，李某在转向后退时，不慎从4号房13层室内楼梯口坠落至12层楼面（坠落高度2.8m）。事故发生后，现场人员立即将其送往医院，经抢救无效于次日凌晨2时死亡。

（二）原因分析

1．直接原因

地坪楼梯口防护栏杆被拆除，混凝土尚未干透，临边防护栏杆未能复原，导致李某在后退时缺少安全防护，从而坠落身亡，是造成本次事故的直接原因。

2．间接原因

项目部放松对分包队伍的安全管理，导致分包单位违反施工顺序、违章指挥。同时，李某安全意识淡薄，高处作业不注意安全隐患，这是造成本次事故的间接原因。

（三）防范措施

（1）加强对分包队伍的管理，将管理措施落到实处。安排工作前首先要对工作环境认真检查，确认无安全隐患后，再行实施。对危险作业必须进行有针对性的、全面的安全技术交底。

（2）重点加强临边、洞口安全防护设施的管理，并在施工中派专人进行监护。

（3）落实总、分包各级安全生产责任制，提高全体员工安全生产意识。分包单位要加强自身的安全管理力度，提高安全生产意识，对职工进行安全生产教育，增强自我保护意识。安排施工任务，必须事先征得总包项目部的同意，严禁违章指挥和违章作业。

案例 2　高处临边违章作业坠落事故

（一）事故经过

2013 年 1 月 27 日下午，某建筑工程公司承建的金冠大厦建筑工地上，工人孔某与曹某等 3 人，在附房三楼拆除模板与排架。14 时 15 分左右，孔某在拆除三楼东侧临边排架时，因一人单独操作，在操作中又严重违章，不系安全带，不慎被钢管带动坠地，经抢救无效死亡。

（二）事故分析

1. 直接原因

现场安全防护不到位，二楼无安全网防护，而且是单人在三楼临边部位作业；作业时未系安全带，无辅助人员配合操作是造成这起事故的直接原因。

2. 间接原因

现场管理松懈，安全管理人员工作不到位；操作人员缺少防护知识，冒险蛮干；安全交底针对性不强，安全教育不够是造成这起事故的间接原因。

（三）防范措施

（1）要加强临边防护栏杆安全网的设置，重点部位切忌单人操作，需加强监护。

（2）完善对承办工程项目人员的安全管理，签订安全承包协议并进行系统的安全教育培训，制定有针对性的安全技术措施，并严格监督，增强施工人员的自我防范意识，彻底消除冒险蛮干的做法。

案例 3　站台施工孔洞坠落事故

（一）事故经过

2013 年 11 月 28 日，某站中铁某局施工现场负责人兼班长赵某某，安排王某某和苏某搬运风管半成品，从站厅层临时加工区（C、G 轴 6、7 线）搬至临时成品区（A、C 轴 5、6 线）。

在 10 时 30 分时的一次搬运中，王某某没有注意脚下情况，将预留洞孔盖板踢走，行走中自站厅预留孔洞跌落。由于自身本能自救无果，造成身体无规则旋转落下。下落过程中第一接着点为站台左侧临边防护栏杆；经第一接着点改变了旋转方向，致使头部撞在站台板上，为重力跌落接触部位，最终使得王某某头部遭到重创。

（二）原因分析

1．直接原因

受伤者王某某虽经岗前安全教育培训，班前讲话交底有个人安全防护意识（跌落前自救和安全帽正确佩戴），但经过几次物料搬运而放松警戒，踢走洞孔盖板，忽视了脚下是否存在危险。

2．间接原因

事故施工现场属于土建，但施工时没有移交场地，没有签订双方安全管理协议。事故发生前施工方本着在自己作业区施工自己安全防护常理，没有制定可行有效的《临边预留洞口防护专项方案》，充分暴露出安全管理方面的缺陷。

（三）防范措施

（1）正确使用安全防护用具，提高个人安全防护意识是对自身的安全保证。

（2）安全第一，预防为主。从源头（领导层）、从完善制度措施落实（管理贯彻执行层）、从个人安全防护（生产作业层）控制各种安全隐患。

（3）安全出效益。通过在生产作业中应用科学的安全技术，提高功效，减少劳动强度来加强安全。

（4）增大安全监督力度，提高信息反馈速度。各级安全管理组织应大力开展现场安全检查力度，发现问题及时解决纠正；每个参建员工有权将安全隐患向上级报告，对不重视安全生产行为的人员有权越级举报。

案例4　临边违章搭建坠落事故

（一）事故经过

2012年1月16日，在浙江某建筑公司总包、上海某安装公司分包的工地上，分包单位瓦工班长王某，安排组员李某在4层的操作平台上，用小推车运送混凝土浇捣圈梁。15时20分左右，在浇捣卫生间北侧圈梁（F轴上41轴和42轴间）混凝土时，因搭设不规范的操作平台的木搁栅突然断裂，李某连人带车从操作平台上坠落。事故发生后，项目部立即将其送往医院，李某终因伤势过重死亡。

（二）原因分析

1．直接原因

李某在4层楼面浇捣圈梁时，操作平台搭设不够规范，木搁栅突然断裂，是造成本次事故的直接原因。

2. 间接原因

（1）分包单位对职工安全教育不够，对危险源监控不力。总包项目部对分包单位安全监督、管理不严，对施工现场安全检查不够。

（2）分包单位对危险部位的施工安全防护设施没有编制专项方案，对搭设人员的安全技术交底针对性不强。操作平台搭设后的检查、验收、整改不到位，致使其存在安全隐患，这是造成本次事故的主要原因。

（三）防范措施

（1）召开施工现场会，组织全体人员学习安全生产有关法律、法规及建筑施工安全规范和公司规章制度以及操作规程，以此吸取血的教训，切实加强安全防护设施方案编制以及搭设、验收工作，确保操作工人的人身安全。

（2）按“四不放过”的原则，对施工现场进行一次全面彻底的安全专项检查，对查出的事故隐患按“三定”要求整改，并进一步完善安全防护设施。

（3）总、分包单位层层落实安全生产责任制，建立健全安全生产规章制度和管理网络。分包单位强化安全意识，认真做好施工现场全过程安全防护工作，切实加强对危险源的监控，杜绝类似事故再次发生。总包单位认真做好对分包单位施工现场的安全监督管理，确保安全生产。

案例 5　预留洞口坠落死亡事故

（一）事故经过

2014 年 2 月 15 日 13 时，湛江某公司项目部一标段技术负责人李某某，要求杂工工头陈某某派 8 名杂工到新建厂房一区三楼楼面（14.5m）清理杂物、打扫楼面。13 时 30 分，项目部施工员罗某某带领陈某某、徐某某等 8 名杂工到三楼楼面，安排杂工从事建筑杂物分类清理工作后，便离开。约 16 时 45 分，杂工徐某某在工程 6 ～ 7 轴 /D ～ E 轴处楼面清理杂物，不知道该处楼面木板盖着一预留洞口，当他掀开预留洞口的木板时，身体随即失衡，双脚踩空，整个人从预留洞口处坠下。随后被紧急送往医院，后经抢救无效死亡。

（二）原因分析

1. 直接原因

徐某某在厂房三层楼面清理杂物，对施工现场周边作业环境不熟悉，没有戴安全帽，不了解现场有预留洞口。

2．间接原因

（1）该公司在工程建设中，安全生产责任制没有切实落实；没有与杂工签订劳动合同，没有对杂工进行“三级”安全教育培训；对杂工作业不进行安全技术交底。

（2）安全防范措施不落实，预留洞口不设立安全防护栏杆和安全警示标志。现场作业安全管理缺位，忽视杂工作业的安全监督管理，未能制止杂工不戴安全帽作业的违规行为，未能及时消除安全事故隐患。

（三）防范措施

（1）切实落实安全生产主体责任，坚决克服重生产、轻管理、轻安全的错误思想，依法履行安全生产主体责任，全面加强企业内部的安全管理。要建立健全并严格落实各级安全生产责任制，直至延伸到现场、班组、岗位。

（2）加强安全管理制度和安全责任体系的建设，强化对下属企业日常生产经营过程的安全管理与监督，搞好分层分级管理，突出项目部、建筑施工现场的安全管理，防止出现对下属企业特别是项目部、建筑施工现场的管理失控，确保国家的安全生产法律法规、标准规程和工作部署要求真正落到实处。

（3）制定并完善岗位、班组安全管理机制，规范企业安全生产行为，杜绝“三违”现象，夯实安全生产基础；要认真深入持之以恒地搞好隐患排查治理工作，及时发现和治理安全隐患，防患于未然。

（4）强化对员工的安全生产教育培训，尤其要对新进员工、转岗员工、使用新设备新工艺员工、危险工序关键岗位员工和质量安全管理人员，开展有针对性的安全法制教育与培训，并加强考核和监督检查，切实提高员工的法制意识、安全意识和安全操作技能。

（5）着力提高制度执行力。要建立健全建筑施工企业危险工序、关键岗位操作人员持证上岗制度及办法，统一制定标准，统一执行标准，坚持持证上岗；要着力提高制度的执行力，逐级加强对遵章、履规、守纪情况的监督检查，发现一地、查处一地，发现一处、查处一处，发现一人、查处一人。

案例 6 高处孔洞边违章作业坠落事故

（一）事故经过

2013 年 2 月 23 日上午，湖北某建筑公司总包、福建某安装公司分包的工地上，分包单位装修队队长张某安排组员王某在7层高的操作平台上，用小推车运送混凝土。11时30分，由于没有注意到脚下的孔洞，王某连人带车从操作平台上坠落，后被紧急送往医院，终因伤势过重经抢救无效而死亡。

（二）原因分析

1．直接原因

操作平台搭设不规范，现场防护不到位，七楼无安全网防护，在孔洞旁边既没有架设防护栏杆也没有设置醒目的安全警示标志，这是造成本次事故的主要原因。

2．间接原因

（1）项目部放松对分包队伍的安全管理，导致分包工违反施工顺序。在施工时装修队队长张某违章指挥，在王某作业时未指派辅助人员与之配合，这是造成这次事故的次要原因。

（2）安全管理人员的业务知识不强，工作不到位，施工人员缺少安全防护意识，在施工现场极易存在安全隐患的场所（如临边、孔洞处）没有进行隐患排除，安全交底针对性不强。

（三）防范措施

（1）在孔洞、临边等危险部位要架设防护栏杆或增设安全网，建筑企业要给从业人员配齐安全防护设施，加强职工的安全教育工作，增强施工人员的自我防范意识。

（2）要加强安全监督，重点部位切忌单人操作，要指派专门的安全管理人员进行监督指挥，各级管理组织要大力开展现场安全检查，发现问题及时解决纠正。

三、规范操作方法及规定

（一）孔洞、临边防护管理规范

（1）临时栏杆及孔洞盖板实行属地管理原则，即在谁的区域谁管理，谁施工谁管理，同时，人人都有权利和义务及时发现并纠正或上报所发现的具体问题。

（2）已搭设、铺设的临时栏杆或孔洞盖板不得挪作他用。

（3）须拆除临时防护栏杆或盖板时，须经属地内的项目负责人或分厂（车间）领导或授权人员批准，较危险处须有专人监护。

（4）拆除后的栏杆或孔洞盖板应及时恢复，不用时要及时回收并归类整理好。

（5）孔洞根据大小可以使用限位盖板、搭设护栏等进行防护，基坑临边需通过拉设警戒绳或搭设护栏进行防护。

（二）洞口及通道安全防护

因工程和工序需要而产生的使人与物有坠落危险或危及人身安全的洞口，必须设置安全防护措施。

1．楼梯口的安全防护

（1）凡楼梯均必须设置安全防护栏，并根据施工现场的具体情况张设安全网。

（2）栏杆的材料可选用钢管搭设，当楼梯跑道空间距离较大时应张设安全网或两道防护栏杆（高度分别为 40cm 和 100cm）。

（3）施工中的顶层楼梯平台，不通行时应封闭或采取其他安全防护措施。

（4）所有栏杆高度应一致，出头应平齐，不得伸进楼梯面 10cm 以上。

2．洞口的安全防护

（1）边长或直径为 20 ～ 150cm 的洞口，可加盖板进行防护，同时在四周加设维护栏杆。

（2）150cm 以上的洞口四周应设维护栏杆两道，护杆高度分别为 35cm 和 105cm，同时张设安全网。

（3）长时间不用的洞口盖板应用钢板制作，制作时下面应有加固肋，并限位卡紧洞口。

（4）各种钢平台预留洞口应用格栅或钢板加盖，并焊接固定。

3．深坑、过道的安全防护

（1）深坑周边应设置两道防护栏杆，高度分别为60cm和120cm。

（2）行人坡道应有扶手及防范措施，夜间出入口须设红灯示警。

（3）施工中建筑物底层出入口，如电缆隧道、过道须搭设防护棚，棚宽应大于道口。

4．井架通道口（如施工电梯、安全升降塔）及两侧的安全防护

（1）井架各层通道口处须选用符合规定的脚手板或竹芭片作通道，其宽度须大于洞口宽度。脚手板应横铺，其搁置点不少于一板三楞，施工电梯进出口，应制作专用钢结构通道。

（2）井架通道口的两侧边，须设60cm和120cm高防护杆两道防护。

（3）井架口应设置安全门或防护门。

（4）井架须用安全网进行至少三面维护封闭，网与网拼接严密，防止落物伤人。

（三）临边安全防护

作业高度在2m以上（含2m），且无维护设施的工作面称为临边。凡是有临边的，必须设置固定的防护栏杆进行防护。

1．楼层及通道平台的安全防护

（1）各楼层临边及设备通道平台在围护墙或永久栏杆未装前均应及时设置临时栏杆。

（2）临时栏杆应设置60cm及120cm两道，其绑扎、生根应牢固可靠且应做到横平竖直。

（3）设备通道平台在未接通前均应封死，设置栏杆。

2．屋面周边的安全防护

（1）无女儿墙的平面周边，需设置两道防护栏。

（2）坡屋面的边口，可采用挑脚手架防护，其栏杆高度应不低于1.2m，并在中间加横杆或张设安全网防护。

3．框架结构周边的安全防护

（1）钢结构及预制混凝土结构框架在安装过程中，在设置防护栏的同时，应尽可能张设安全网。

（2）临时通道平台应设置两道防护栏。

（3）跨度较大的平台应加以焊接固定。

安全小贴士

“四口、五临边”防护内容和特征

1.“四口、五临边”防护内容

（1）“四口”是指：楼梯口、电梯口、预留洞口、通道口（或出入口）。

（2）“五临边”是指：尚未安装栏杆的阳台周边、无外架防护的屋面周边、框架工程楼层周边、上下通道斜道两侧边、卸料平台的外侧边。

2.“四口、五临边”防护特征

（1）可塑性大。“四口、五临边”防护一般是随着建筑工程的进度采取相应的防护措施。一般来讲，装饰工程完工后各种防护基本上也就拆除了。

（2）危险性大。“四口、五临边”作为洞口和高空作业露出建筑物的临边洞口，作业时危险性大，若不加强有效防护或防护不当，都将使人与物遭受坠落打击。

（3）施工现场环境复杂，又是多工种同时交叉作业，这无疑给安全管理增加了难度，稍有疏忽极易造成对人和物的危害。

第四章

绳卡违章行为典型案例及规范操作方法

- 一、绳卡违章行为
- 二、典型案例分析
- 三、规范操作方法及规定

一、绳卡违章行为

绳卡是用来连接两根钢丝绳的，所以又叫钢丝绳卡扣。建筑施工作业中常见的绳卡违章行为有：

（1）绳卡扣反。绳卡要一顺排列，应将U型环部分卡在绳头的一面。

（2）绳卡过少。按照相关规则规定，绳卡压板应扣在受力绳侧，固定用绳卡至少使用3个，相邻绳卡间距应不小于钢丝绳直径6倍距离，最后一个卡子距绳头间距≥140mm。卡子的数量根据钢丝绳直径而定，一般而言，≤19mm设3个，19～32mm设4个，32～38mm设5个，38～44mm设6个，44～60mm设7个。

（3）选用的绳卡与钢丝绳直径不符。卡头的大小要适合钢丝绳的粗细，U形环的内侧净距，要比钢丝绳直径大1～3mm，净距太大不易卡紧绳子。

（4）钢丝绳在卷筒上排列不紧密，最少缠绕圈数少于3圈。

（5）编结接长的钢丝绳作为主绳使用。

（6）在钢丝绳与重物的棱角处不采取保护措施而进行吊装作业。

（7）作业时钢丝绳与点焊把线及其他电源线接触。

（8）钢丝绳维护不当，不按规定使用。

（9）绳卡安装后不做任何检查。绳卡安装受载一、二次后，应对其进行检查，观察其是否松动。一般情况下，螺母需要进一步拧紧。

（10）绳卡长期或反复使用，没有进行定期检查、定期报废。

二、典型案例分析

案例 1　绳卡断裂致使操作平台坠落事故

（一）事故经过

2015 年 2 月 16 日 12 时 50 分左右，在湖南省衡阳市某建筑工地工人王某某和李某某在对建筑外墙进行粉刷工作时，连接一侧钢丝绳的绳卡突然断裂，致使操作平台发生严重倾斜，工人王某某和李某某从约 30 米高空坠落到水泥地面，后经抢救无效死亡。

（二）原因分析

1．直接原因

工人王某某和李某某在使用操作平台时没有检查连接钢丝绳的绳卡是否安全，没有正当规范地对绳卡进行操作。在操作过程中，没有随时观察绳卡有无松动现象，没有及时发现安全隐患。

2．间接原因

（1）工人对部门的规章制度不够明了熟知，对绳卡的检修规定缺乏相关了解，安全意识不强，缺乏紧急情况下的自救技能。

（2）相应的监督检查部门没有定期做好设备的安全性能检测，未能尽到应有的安全监督责任，缺乏常规化的安全监督检查机制。

（三）防范措施

（1）严格遵守绳卡相关规定，在绳卡的安装过程中，绳卡在钢丝绳受力后要进行第二次拧紧，以保证接头的牢靠。在使用过程中，也应注意观察卡子有无滑动现象，以便随时发现和及时加固。

（2）加强现场安全监督，完善安全监督检查机制。对于生产设备和劳动保护用具要做到定期检查更新。绳卡不可长期反复使用，应做到定期检查和更换。

案例2 钢丝绳断裂致使塔臂坠落事故

（一）事故经过

2014年6月12日，在某综合楼建筑工地塔吊拆卸现场。由于施工人员不足，建筑安装公司项目部经理李某安排吊车司机王某进行拆卸作业。开始时十分顺利，但临近拆卸结束时租用的起重机钢丝绳突然断裂，致使塔臂坠落，造成5人死亡、2人重伤。

（二）原因分析

1．直接原因

施工前安装公司没有检查起重设备是否符合质量标准，对起重机的操作也不够规范，且起重机的钢丝绳质量不达标，在作业时突然断裂，致使塔臂坠落，这是导致这次事故发生的直接原因。

2．间接原因

（1）该施工单位没有落实安全生产责任，在吊车司机未取得《塔式起重机拆卸许可证》的情况下，允许其违章操作。

（2）吊车司机安全意识淡薄，在未取得特种作业人员操作上岗证的情况下，违规、违章操作。

（3）相关单位负责人安全监督不到位，管理不严，对施工现场的安全检查不够。

（4）安装公司项目部没有针对危险部位的施工安全防护措施编制专项方案，对塔吊拆卸人员安全技术交底针对性不强。施工前对起重机械的检查、验收不到位，致使起重机械存在安全隐患，这是造成本次事故的主要原因。

（三）防范措施

（1）从事起重机械安装、拆卸施工，必须由取得起重机械安装许可的单位进行。施工单位要层层落实安全生产责任制，建立健全安全生产规章制度和管理网络。

（2）在起重机械作业中，无论是对起重机本身的拉索、钢丝绳还是对吊装用的索具等，都应进行认真的检查，确认满足安全使用条件后，方可用于吊装作业。

（3）加强职工安全教育和特种作业人员培训工作，使职工有识别和排除安全隐患的能力，提高职工的安全意识，加强对特种作业人员的专业培训考核制度。

作业人员经考核合格后方可上岗，并与企业签订安全生产合同，保证安全生产。

（4）强化施工项目监管，各部门、各单位要认真履行职责，加强对建设工地现场的监管，对不具备施工安全条件、未履行行政许可程序的项目禁止施工。

案例3 铅丝断裂坠落事故

（一）事故经过

2013年5月11日，某施工现场正在进行塔式起重机安装，由于钢丝绳无法穿过网孔进行捆扎，地面挂钩工徐某便把两股8#铅丝拧到一起进行吊装。之后，现场指挥班长陈某指派李某固定绳卡，李某在没有系安全带的情况下走到平台上进行固定，作业几近结束时铅丝突然断裂导致平台坠落，李某当场从30多米的高空坠落，随即被送往医院，后经抢救无效死亡。

（二）原因分析

1．直接原因

（1）李某进入无安全防护措施的平台进行高处作业时未系安全带，违反操作规程，属于违章操作。

（2）吊索具应使用合格产品。吊钩除正确使用外，还应有防止脱钩的保险装置。挂钩工徐某违章使用8#铅丝作为吊索具，直接导致了本次事故的发生。

2．间接原因

（1）塔式起重机安装单位对长期存在的使用8#铅丝作为吊索具安全隐患没有进行安全检查并予以消除。

（2）现场指挥班长陈某进行违章指挥，拆装队安全员刘某未对违章行为予以制止，未尽到监督管理职责。

（三）防范措施

（1）企业应加强安全培训、教育制度，使各施工人员了解相关规章、制度及操作规程，对作业不安全因素深入研究，制定周密预防措施。

（2）安全监督管理部门应加强安全检查和违章处罚力度，坚决杜绝违章指挥、高处作业不系安全带、捆扎挂钩不规范等违章行为。

（3）严格执行《建设工程施工现场安全防护标准》，正确使用吊索具。

案例 4 钢丝绳断裂坠物事故

（一）事故经过

2013 年 1 月 28 日下午，某厂大修车间组织职工吊运 43 号电解槽的阴极内衬。根据测算，阴极内衬重约 6.2 吨。14 时 30 分，吊车吊起阴极内衬，当重物被起吊到 4m 高时，移动到了卡车上方。此时，钢丝绳突然断开，阴极内衬重重地砸在了卡车后厢板上，致使厢板以及汽车大梁严重变形，汽车报废。所幸没有造成人员伤亡。

（二）原因分析

1. 直接原因

（1）没有从业资格的临时工在现场系挂钢丝绳，指挥起吊。

（2）天车操作工的技术水平不足，没有能够发现安全隐患、纠正错误。

2. 间接原因

大修车间现场安全生产管理工作十分松懈，没有按照惯例通知安全管理部门和设备管理部门派人到现场监督，也没有安排起重专业工人到现场进行指挥。

（三）防范措施

（1）起重作业从业人员必须要经过严格认真的安全培训并获取相关证书后，持证上岗。

（2）在进行重大起重作业前，一定要有施工技术方案，并由安全与设备管理人员在现场进行监督。

案例 5 钢丝绳拉塌脚手架事故

（一）事故经过

2013 年 8 月 14 日下午，荣一队和三队的施工人员共约 20 多人，分别于 13 时和 13 时 30 分到达施工现场某轮 NO.3 舱。卷扬机操作人员站在该舱后，其他人员均在脚手架上施工，脚手架的高度共有 8 层约 16m，跨度为 2 跨约 5m（前后 3 根立管），沿船宽方向约 40m。

两个施工队各操作一台卷扬机，一队的卷扬机在该舱后的左侧，作业内容是从 NO.3 舱向 NO.2 舱上、下槽型舱壁迎送材料，其顶端葫芦位于顶层脚手架上方约 1.5m 处。三队卷扬机位于 3 舱后的右侧，当时的作业内容是将位于舱底板上的一块钢板（约 4m×1m）往上吊运，其顶端葫芦离舱底板约 7m。

大约14时30分，三队的操作员宋某（队长）发现向前移动的钢板被附近的垃圾斗压住了，就让工人谢某用钢管撬钢板，就在此时，脚手架先是一抖，随后缓缓下沉倒塌。

（二）原因分析

1．直接原因

三队的施工人员在使用卷扬机吊运钢板时，钢丝绳的走向严重错误，利用钢管作为钢丝转向使用，导致钢丝绳拖拉脚手架。

2．间接原因

三队、一队在钢管脚手架的后侧使用卷扬机上、下材料，由于钢丝绳的作用，脚手架的强度和稳性已受影响，脚手架已存在安全隐患。

（三）防范措施

（1）严格遵守安全操作规程，卷扬机钢丝绳不得利用脚手架钢管作为钢丝转向使用。特殊情况下卷扬机钢丝必须穿过脚手架作业时，施工前必须得到船工程主管、安全员和搭架队现场对脚手架的检查、整改，在确保钢丝不会使钢管受力后再进行作业。

（2）加强施工人员的安全教育和技术技能的培训，加大部门管理人员对现场不安全因素的监控力度，杜绝违章指挥和违章作业。

（3）为确保脚手架的整体强度、刚度和稳性，加大脚手架的安全系数，应对搭设脚手架的有关规定和作业指导书进行完善和补充。

案例6　绳卡违章操作坠落事故

（一）事故经过

2015年7月12日11时43分，在某建筑工地施工现场，工人刘某在对7层高的操作平台更换绳卡时，钢丝绳突然断裂，刘某和操作平台从19m高的空中坠落，刘某当场死亡，坠落的操作平台也造成地面上的5人死亡、2人重伤。

（二）原因分析

1．直接原因

施工前安装公司没有检查绳卡是否符合质量标准，操作人员刘某没有按规定对绳卡进行操作，使用的绳卡超过期限，质量不达标，导致钢丝绳在作业时突然断裂，这是导致事故发生的直接原因。

2．间接原因

（1）该施工单位没有落实安全生产责任，相关单位负责人安全监督不到位，管理不严，对施工现场的安全检查不够。

（2）工人对单位的规章制度了解不够，工作时态度不认真，疏忽大意，在对操作平台进行维修时，没有在周围装设防护设施，施工现场安全管理混乱，这是造成这起事故的间接原因。

（三）防范措施

（1）相关部门要加强职工安全教育和特种作业人员培训工作，使职工有识别和排除危险隐患的能力，加强对特种作业人员的专业培训考核制度，确保持证上岗。

（2）工作人员要规范操作绳卡，绳卡U形环内侧净距要比钢丝绳直径大1～3mm，绳卡不可长期使用，不可反复使用，要做到定期检查，定期更换。

（3）安全监督部门要加强对施工现场的检查，对安全生产工作进一步做好监督和指导。对于各施工现场存在的问题要严加整顿，认真落实安全施工和文明施工的有关规定。

三、规范操作方法及规定

（一）钢丝绳卡头的使用注意事项

钢丝绳卡头不可长期使用，应定期检查、定期报废，不可反复使用。

（1）卡头的大小要与钢丝绳的粗细相符，U 形环的内侧净距要比钢丝绳直径大 1 ～ 3mm，净距太大不易卡紧绳子。

（2）使用时，要把 U 形螺栓拧紧，直到钢丝绳被压扁 1/3 左右为止。由于钢丝绳在受力后会产生变形，绳卡在钢丝绳受力后要进行第二次拧紧，以保证接头的牢靠。

（3）如需检查钢丝绳在受力后绳卡是否滑动，可采取附加一个安全绳卡的方法来进行。安全绳卡安装在距最后一个绳卡约 500mm 左右处，将绳头放出一段安全弯后再与主绳夹紧，这样如卡子有滑动现象，安全弯将会被拉直，便于随时发现和及时加固。

（4）绳卡之间的排列间距一般为钢丝绳直径的 6 ～ 7 倍，绳卡要同向排列，应将 U 形环部分卡在绳头的一面，压板放在主绳的一面。U 型部分不能与主绳接触，否则主绳被压扁后，受力时容易断丝。

（5）正确布置数量与方法：

绳卡数目一般不小于 3 ～ 5 个，绳卡的间距应≥钢丝绳直径的 6 倍，最后一个卡子距绳头间距≥ 140mm。卡子的数量根据钢丝绳直径而定，0 ～ 10mm 设 3 个，10 ～ 20mm 设 4 个，21 ～ 26mm 设 5 个，25 ～ 36mm 设 6 个，36 ～ 40mm 设 7 个。

（6）钢丝绳卡头安装后受载一两次后应检查绳卡是否松动。一般情况下，螺母需要进一步拧紧。

（二）钢丝绳安全检查操作规程

（1）钢丝绳工应由培训考试合格，取得上岗操作证的人员担任。

（2）钢丝绳在使用前应由钢丝绳工对其直径、结构、捻向、麻芯和捻制质量进行外观检查，如发现下列情况，必须及时向有关部门汇报：

①钢丝绳中出现断丝、交错或折弯等不良现象。

②钢丝绳出现绳股捻制不均匀、塌股或凸起现象。

③钢丝绳表面有压扁、损伤或锈蚀现象。

④麻芯干燥、腐朽现象。

⑤钢丝绳的实际直径和公称直径不符。

（3）提升用的钢丝绳在悬挂前，必须按规定进行力学试验，合格后方可使用。

（4）使用中的钢丝绳若发生咬绳、跑花绳等不良现象，必须查明原因，并及时加以消除。

（5）钢丝绳固定在绞车滚筒上时，必须符合下列要求：

①必须有专用合格的卡绳装置，严格系在滚筒轴上。

②绳孔不得有锐利的边缘，钢丝绳的弯曲不得形成锐角。

③滚筒上应经常缠留三圈以上钢绳，用以减轻固定处的张力，还必须留有作定期检验用的补充绳。

（6）在使用绳卡时，必须按钢丝绳直径正确选择绳卡的型号和使用数目，被卡绳头的长度不小于钢丝绳直径的 15 倍，但最短不少于 300mm。

（7）每天必须对使用中的提升钢丝绳进行一次全面细致检查，并及时认真填写记录，当发现下列情况之一时，必须立即更换：

①一个捻距内断丝面与钢丝总断面积之比，达到下列数值时：升降人员和物料用的钢丝绳为 5%；升降物料用绳为 10%。

②以钢丝绳标称直径为准计算的直径减少量达到 10% 时。

③钢丝绳在运行中遭受到突然停车等猛烈拉力时，必须立即停车检查，发现下列情况之一时：

◎钢丝绳产生严重扭曲或变形。

◎断丝超过上文规定。

◎直径减少量超过上文规定。

◎遭受猛烈拉力的一段长度伸长 0.5% 以上。

④断绳数突然增强或伸长突然加快。

⑤钢丝绳锈蚀严重，或点蚀麻坑形成沟绞，或外层钢线松动时，不论断丝数多少或绳径是否变化。

（8）钢丝绳的钢丝有变黑、锈皮、点蚀、麻坑等损伤时，不得在升降人员时使用。

（9）使用中的提升钢丝绳，应根据情况，至少每月润滑 1 次。

（10）严禁用铁质大锤的棱角或其他工具的棱角直接敲击钢丝绳表面，严禁将钢丝绳表面与轨道、轨枕直接接触产生摩擦，严禁将钢丝绳表面直接与带电导体接触。

（11）刹绳操作时，先要在刹绳处用铁丝扎牢固后，再进行刹绳。在打锤前，应首先检查锤头是否松动；打锤时，锤头前后不准站人，钢丝绳头要压牢。操作过程中，要特别注意安全，防止锤头脱落，绳头飞起伤人。

（12）换绳、倒绳头必须制定专门的施工安全技术措施，并严格按措施执行。

安全小贴士

骨折的应急抢救方法

骨骼受到外力作用时，发生的完全或不完全断裂叫作骨折。按照骨折端是否与外相通，骨折分为两大类：即闭合性骨折与开放性骨折。前者骨折端不与外界相通，后者骨折端与外界相通，从受伤的程度来说，开放性骨折一般伤情比较严重。遇有骨折类伤害，应做好紧急处理后，再送医院抢救。

为了保证伤员在运送途中的安全，防止断骨刺伤周围的神经和血管组织，避免加重伤员痛苦，对骨折处理的基本原则是尽量不让骨折肢体活动。因此，要利用一切可利用的条件，及时、正确地对骨折做好临时固定。临时固定应注意以下事项：

（1）如有开放性伤口和出血，应先止血和包扎伤口，再进行骨折固定。

（2）不要把刺出的断骨送回伤口，以免感染或刺破血管和神经。

（3）固定动作要轻、快，最好不要随意移动伤肢或翻动伤员，以免加重损伤，增加疼痛。

（4）夹板或简便材料不能与皮肤直接接触，要用棉花或代替品垫好，以防局部受压。

（5）搬运时要轻、稳、快，避免震荡，并随时注意伤者的病情变化。没有担架时，可利用门板、椅子、梯子等制作成简单担架来运送伤员。

第五章

起重机械违章行为典型案例及规范操作方法

一、起重作业违章行为

（1）无相应起重、指吊、挂钩（架工）等特殊工种操作证，进行起重、指吊、挂钩（架工）等作业。

（2）吊车司机操作时注意力不集中，工作时不认真检查，开车前不鸣铃。

（3）卷扬机的司机工作时不认真检查，不坚守工作岗位，不正确操作。

（4）电梯司机工作时不认真检查，各种指示灯、照明灯不亮开车，工作完不锁电梯门。

（5）起重指挥信号不正确、指挥人员戴手套指挥或多名指挥人员一起指挥。

（6）起吊现场无人指挥、指挥人员信号不明确。

（7）卷扬机、电动葫芦、吊车、电梯倒链等工作前不认真检查，使用不合格的起重工具，作业结束后不停电，或未将操作开关锁起来。

（8）起重作业中，起重作业人员精力不集中，看书报、吃东西、吸烟或闲谈等。

（9）现场使用的载人吊框未经过设计和验收，擅自投入使用。

（10）吊车起重物件时从人头上通过或人处于吊物下方。

（11）使用管道或不牢固梁柱作为起吊重物的钓点。

（12）物件吊装绑扎不牢固，绑扎绳安全系数不够，绳索间的角度大于 90°。

（13）物件吊件绑扎绳与棱角物件接触不垫防磨垫，与光滑物件接触不垫防磨垫。

（14）物件吊装没有执行“检查—试吊—再检查—再吊装”的原则。

（15）使用断股、断丝超标的钢丝绳。

（16）使用无封钩的滑车。

（17）冲洗、除尘泵、吊底阀等吊装作业，检修人员不懂起重信号直接指挥吊车。

（18）起吊较轻物品时使用麻绳或 8 号铁线。

（19）挂钩时不戴帆布手套。这样容易被工件毛刺、锋利棱边刺伤、割伤，极易造成刺割伤害事故。

（20）使用断股、开岔、绳芯外露的钢丝绳进行起重、吊装作业，或者使用麻绳等不符合吊物要求的绳索进行作业。这种状态（断股、开岔、绳芯外露）的钢丝绳属于报废程度，麻绳等承受不住重物负荷，使用中容易断裂，极易造成起重伤害。

（21）起吊物、钢丝绳与铅垂面有较大夹角（斜吊），斜拽或试图吊起埋在地下的物体（与地面凝结或有较强粘连、部分埋住等）。这样起吊后不可控力矩很大，容易造成起吊物不规则摆动或起重机械倾翻，造成起重伤害。

（22）起吊物有尖锐棱角，不进行包裹、垫衬就挂钩起吊。起吊物的尖锐棱角容易刺割人手、割损钢丝绳，造成刺割伤害事故或者使用中钢丝绳断裂，极易造成起重事故。

（23）起吊物重量超出起重机负荷能力，仍然进行作业。这样做极易造成机械损坏、钢丝绳断裂、重物坠落。

（24）起重机限位装置、制动装置、警报装置等安全设施、设备有故障的情形下进行起重作业。

（25）起重作业现场光线不足、视线受限制等。

（26）起重作业现场上空有管线、高压输电线路等，而不能保证吊杆与这些线路保持足够距离，进行起重作业，极易发生触电伤害等事故。

（27）吊车作业前选择松软地面或有沉陷地面，而又不进行垫平即开始作业。作业中吊车容易下陷、吊物甩动，极易造成起重事故。

（28）起吊串联在一起的多个物体或临时连接在一起的多个部件。如果连接不够牢固，零部件容易在起吊过程中散落，从空中坠落砸伤人员，极易造成起重伤害。

二、典型案例分析

案例 1 起重机违章操作伤亡事故

（一）事故经过

2015 年 8 月某日，某铁路局工程处第一工程段第四工程队，在一新建电器车间工地施工，吊装钢屋架。钢屋架重 2.5t，长 21m，高 3.04m，安装位置在 8m 远处。根据吊装工艺要求，决定用轮胎起重机将其吊起再行驶进行倒运就位。吊运时将七人分成南北两组，以便在屋架前后两端加以扶持。当轮胎起重机吊起屋架后，因钢丝绳吊索拴偏，使其前端离开地面仅 0.3m 左右，而后端却离开地面 1.5m。在行驶时，当起重机司机林某发现轮胎起重机上的屋架随路面不平左右摆动有坠落伤人可能时，便自行采取紧急措施，刹车落钩。结果将没有思想准备摔倒在地上的张某压在屋架下面，后经抢救无效死亡。

（二）原因分析

1．直接原因

起重机司机在没有得到指挥信号的情况下违章操作、擅自刹车落钩将人压伤导致死亡，是事故发生的直接原因。

2．间接原因

（1）轮胎起重机吊钢屋架时，吊点选择不当使其出现严重偏斜，此时指挥人员和操作司机应予以指出，并放下吊重，重新调整吊点，直至偏斜消除后方可起吊。但当时指挥人员和司机都未及时消除隐患，而是继续起吊后行驶，属于违章指挥和违章操作。

（2）所吊钢屋架较长，起吊行驶过程中应采用牵引索加以控制，但施工人员却进入起重作业危险区域，在钢屋架前后两端直接用手加以扶持，属于违章作业。

（三）防范措施

（1）施工单位在进行大件吊运及危险工况作业前，事先应经过认真核算，选好吊点，制定详细的吊装作业指导书。对施工中可能遇到的危险因素应加以识别，并将需要采取的安全防护措施写入吊装方案中。开工前，应组织所有参与吊装工作的人员进行安全、技术交底。吊装过程中，措施编写、审批人员应到现场进行监护。

（2）起重作业前应检查吊点是否正确，吊钩悬挂点是否在吊物重心的垂直线上。吊运大件或不规则组件时，应在吊件上拴系牢固的溜绳。严禁斜拉、斜吊和快速起落。

（3）物件起吊时，车下捆绳人和挂钩人离开被吊物件后，再指挥起吊，工件吊起时，一切人员应离开移动线路周围。指挥人员应在物件前监护，禁止任何人在起吊物件下逗留或走动。

（4）轮胎起重机在吊物行走时，吊物应位于起重机的正前方，并用绳索拉住，缓慢行走，吊物离地面不得超过50cm，吊物重量不得超过起重机当时允许起重量的2/3。

（5）加强起重机操作、指挥及配合作业人员的安全培训。必要时有针对性地制定事故及紧急情况下的应急预案，并进行演习，提高施工人员的预防事故及自救能力。

案例2　塔式起重机销轴脱落致使折臂事故

（一）事故经过

2013年7月5日16时左右，某大厦工程施工现场使用的一台QTZl00型塔机（安装高度29m，臂长42m）以幅度约13m起吊一捆约2.3t钢筋时，起重臂第二节与第三节吊臂左下弦杆连接销轴脱落，起重臂从该接头至臂端向右下扭转落下，臂端触及地面后停下，导致起重臂、工作平台、塔帽、液压顶升油箱、塔顶拉杆等多处结构严重损坏，所幸无人员伤亡，造成经济损失近10万元。

（二）原因分析

1．直接原因

据现场勘察、分析，本事故是由起重臂第二节、第三节臂接头左侧下弦杆连接销轴轴端挡板与销轴脱落造成的。

2．间接原因

起重臂臂节连接销轴脱落属于制造工艺缺陷。在对起重机械的设计、制造、安装、使用、维修等全过程中，没有做到科学、全面、规范、有序的安全管理，且未进行安装验收。

（三）防范措施

（1）塔机安装后，在交付使用前必须由租赁单位、安装单位、使用单位、监理单位组织工程技术人员按国家标准和《使用说明书》的要求共同进行自检验收，做好调试运转记录，完善各种管理资料，向有资质的法定检测机构申报检测，经检测合格并获得合格证后方可正式投入使用。

（2）塔式起重机在使用过程中，司机和有关人员应按设备管理制度对其关键部位进行点检和定检，并做好记录，确保设备完好，管理人员要有责任心，将安全管理落到实处。

案例3 起重机吊物坠落伤人事故

（一）事故经过

2014年3月某日，某火车站给贮木场调拨两节车皮装木材，并用一台轮胎起重机进行倒站。由于两节车皮用一台起重机倒站，致使有时供不上装车，于是装车工和检查员在装车间隙便坐在一根木头上休息。16时40分左右，更夫李某也到这根木头上坐下与装车工闲谈。当时在场其他人员发现李某喝了酒。这时，轮胎起重机正吊一捆木材到站台，大家随之离开木头到安全处等候装车。唯独李某行动迟缓，没有及时离开。而装卸队长唐某却误认为李某已离开坐位，便指挥起重机向前推进一步。这时司机赵某听到有人喊后立即刹车，但由于木材的惯性，致使轮胎起重机立刻前倾，木材随即落地。李某因躲闪不及，被木材砸中，经抢救无效死亡。

（二）原因分析

1. 直接原因

装卸队长唐某未尽到指挥人员的职责，在没有进行充分观察的情况下，误认为受害者李某已离开坐位，指挥判断失误。起重司机在听到有人喊“前面有人没有离开”时，在轮胎起重机吊重行走过程中采取了急刹车，致使轮胎起重机前倾，吊重坠落，是事故的直接原因。

2. 间接原因

（1）受害者李某违反施工现场安全管理规定，酒后上岗，且不听劝阻，擅自到作业场地逗留，是事故的起因。

（2）起重司机赵某在听从指挥“起重机向前推进一步”前应鸣铃示警，但他却没有按规定执行，属于违章操作。

（三）防范措施

（1）加强对现场施工人员的安全教育，严禁任何人酒后进入施工现场。特别是起重工作区域内禁止无关人员逗留或通过。

（2）起重机操作人员在开车前，必须鸣铃或报警；操作中接近人时，亦应给以断续铃声或报警。吊重行走时，速度应缓慢均匀，认真观察行驶路线周围的人或障碍物，按道路情况及时换挡，不要急刹车和急转向。所有人员应离开移动线路的周围。指挥人员应认真观察，在吊重前头，跟随吊重进行指挥，随时指挥负载吊重避开人及其他障碍物。

案例4 起重机支腿陷落事故

（一）事故经过

2015年8月某日，某公司50t汽车式起重机在拆除一个约10t的生活用水箱时，将吊车支在水泥路面上。施工人员事先未进行现场勘察，不知路面下有一条排水沟。将水箱吊离安装面一段高度后，由于路面承载力不够，50t汽车式起重机的一条支腿发生陷落。由于水箱吊离安装面的高度较小，水箱随即落到安装面上，未造成设备损害和人员损伤。

（二）原因分析

这起事故的主要原因是由于操作人员和吊装指挥人员粗心大意，事先未仔细了解施工场地承载情况，将汽车起重机支在了下面有排水沟的路面上。在空载时，路面尚能承受起重机本身的重量；当起吊载荷时，由于支腿对路面的压强增大，位于排水沟上部的路面承受不了如此大的压强，导致路面破坏，支腿下陷。所幸载荷吊离安装面的高度不高，载荷马上落地，避免了起重机的倾翻事故。

（三）防范措施

起重机操作人员在选择起重机工作、停机位置和行走路线时，事先应对所选位置和路线的现场条件进行详细了解，以确保起重机处于安全环境下。停放起重机时应将机械停放在坚实、平坦、有承载能力的安全方位，禁止停在可能发生塌方或有安全隐患的地方。当地面下有管道、电缆沟时，必须了解容许载荷，避免因地面塌陷对起重机带来不必要的损坏。

案例5 起重机侧翻事故

（一）事故经过

2013年4月30日，在某住宅楼的工程施工现场，在使用汽车起重机拆卸塔式起重机的过程中，汽车起重机发生侧翻，塔式起重机起重臂撞在旁边一台正在运行的施工升降机上，导致升降机梯笼坠落，造成3人死亡、2人重伤。

（二）原因分析

1．直接原因

塔式起重机操作人员无证上岗，违规进行塔式起重机的拆卸工作，致使汽车起重机在拆卸过程中发生侧翻。

2．间接原因

（1）塔式起重机拆卸现场安全管理混乱。工程项目部未根据相关规定认真落实各项安全防护措施，在进行拆卸作业之前未加强安全教育、安全技术交底工作。

（2）相关部门和监理单位未认真履行职责，未按规定加强对现场的监督管理，对存在安全隐患的施工现场未认真进行隐患排查。

（三）防范措施

（1）完善起重吊装施工技术措施。塔式起重机拆装作业中，拆装单位必须认真考察作业现场，根据实际情况，编制详细的施工方案，通过计算，选择汽车起重机型号，确定起重吊装位置。

（2）加强拆装作业资格审查。塔式起重机安装、拆除前，总分包、监理单位一定要认真审查塔式起重机拆装单位的资质，实际考察其是否具备作业所需条件。

（3）注重拆装作业安全防范。拆装作业过程中，要明确标识出警戒区域，有预见性地确定拆装作业可能影响的范围，并对拆卸作业全过程实施严格的监督管理。

（4）认真组织隐患排查。总包和监理单位在塔式起重机拆卸作业过程中，应对拆卸作业现场实施严格的监督和管理，划定警戒区域，查找存在的隐患并及时清除。

案例 6　钢丝绳断裂重物坠落事故

（一）事故经过

2014 年 5 月 11 日上午，某铁路局工程队在某建筑工地进行钢屋架吊装工作，钢屋架重 7t，距离安装位置平面距离 12m，该工程队将屋架吊起后分成两队对屋架进行扶持，前进了 3m 左右钢丝绳突然断裂，钢屋架坠落，造成了 3 人死亡、2 人重伤。

（二）原因分析

1．直接原因

施工前安装公司没有检查起重机械的相关设备是否符合质量标准，吊物的重量超过了起重机允许重量的 2/3。工程人员对起重机的操作不合规范，且起重机的钢丝绳质量不达标，在作业时突然断裂，这是导致事故发生的直接原因。

2．间接原因

（1）该施工单位没有落实安全生产责任，在未取得《塔式起重机拆卸许可证》的情况下，违章操作。

（2）所吊钢屋架过重，起吊行驶过程中应采用牵引索加以控制，但施工人员却用人工扶持，让人进入起重作业危险区域，属于违章作业。

（三）防范措施

（1）在起重机械作业中，无论是起重机本身的拉索、钢丝绳还是吊装用的索具等，都应进行认真地检查，确认满足安全使用要求后，方可用于吊装作业。

（2）加强职工安全教育和特种作业人员培训工作，使职工有识别和排除危险作业的能力，提高职工安全意识，加强对特种作业人员的专业培训考核制度，经考核合格后方可上岗。

（3）施工单位在进行大件吊运前，事先应经过认真核算，选好吊点，制定详细的吊装作业指导书，物件起吊时，车下捆绳人和挂钩人离开被吊物件后再指挥起吊，工件吊起后一切人员应离开吊物移动线路周围。

三、规范操作方法及规定

（一）起重工安全操作规程

（1）必须持证作业，熟知吊装方案、指挥信号、安全技术要求及起重机械的操作方法。

（2）起吊前要认真检查起重机具、工具是否合格、牢靠，确保安全施工。

（3）坚持“十不吊”原则，有权拒绝违章指令。

（4）起吊前，必须正确掌握吊件重量，不允许起重机具超载使用。

（5）立式设备的吊装，应捆绑在重物的重心以上，如需捆绑在重心以下时，必须采取有效的安全措施，并经有关技术负责人批准。

（6）起吊前应在重物上系上牢固的溜绳，防止重物在吊装过程中摆动、旋转。

（7）起吊物不宜在空中长时间停留，若须停留应采取可靠的安全措施。

（8）信号指挥人员要站位得当，旗语（手势）明显准确，哨声清晰洪亮，与旗语（手势）配合协调一致。上下信号密切联系，应当清楚地注视吊物起、运转、就位的全过程。

（9）信号指挥者应当站在有利于保护自身安全，又能正常指挥作业的有效位置。

（10）吊物起吊 200 ～ 300mm 高度时，应停钩检查，待妥当后再行吊运。

（11）吊物悬空运转后空发异常时，指挥者应迅速视情况判断，紧急通告危险部位人员撤退。指挥塔吊司机将吊物慢慢放下，排除险情后，再行起吊。

（12）吊运中若突然停电或机械故障，重物不准长时间悬挂高空，应想办法将重物落放到稳妥的位置并垫好。

（13）吊物时，严禁超低空从人的头顶位置越过，要保证吊物与人的头顶最小的安全距离不小于 1m。

（14）两台塔机交叉作业时，指挥人员必须相互配合，注意两吊机间的最小安全距离，以防两吊机相撞或吊物钩挂。

（二）起重机司机安全操作规程

（1）各种起重机应装设标明机械性能指示器、限位器、载荷控制器、联锁开关等，轨道式起重机应安置行走限位器及夹轨钳，使用前应检查试吊并办理签证手续。

（2）钢丝在卷筒上必须排列整齐，尾部卡牢，工作中最少保留三圈以上。

（3）两机或多机抬吊时，必须有统一指挥，动作配合协调，吊重应分配合理，不得超过单机允许起重量的 80%。

（4）操作中要听从指挥人员的信号，信号不明或可能引起事故时，应暂停操作。

（5）起吊时，起重臂下不得有人停留和行走，起重臂、物件必须与架空线保持安全距离。

（6）起吊物件应拉溜绳，速度要均匀，禁止突然制动和变换方向，平移应高出障碍物 0.5m 以上，下落应低速轻放，防止倾倒。

（7）物件起吊时，禁止在物件上站人或进行加工，必须加工时，应将物件放下垫好并将吊臂、吊钩及回转的制动器刹住，司机及指挥人员不得离开岗位。

（8）起吊在满负荷或接近满负荷时，严禁降落臂杆或同时进行两个动作。

（9）起吊重物严禁自由下落，下落时动作应缓慢。

（10）严禁斜吊和吊拔埋在地下或凝结在地面、设备上的物件。

（11）起重机停止作业时，应将起吊物放下，刹住制动器，操纵杆放在空挡，切断电源，并关门上锁。

（12）所有操作司机必须遵守相应起重机的安全操作规程。

（三）履带式起重机规范操作方法

（1）发动机启动前应分开离合器，并将各操纵杆放在空挡位置上，同机操作人员互相联系好后方可启动。

（2）吊物行走时，臂杆应放在履带正前方，离地面高度不得超过 50cm，回转、臂杆、吊钩的制动器必须刹住。接近满负荷时，严禁臂杆与履带垂直。起重机不得作远距离运输使用。

（3）行走拐弯时，不得过快过急。接近满负荷时，严禁转弯，下坡时严禁空挡滑行。

（4）用变换挡位起落臂杆操纵的起重机，严禁在起重臂未停稳时变换挡位，以防滑杆。

（5）拖运起重机，履带要对准跳板，爬坡不应大于 15°，严禁在跳板上调位，转向及无故停车，臂杆要放到零位，各类制动器应刹住。

（四）轮胎式、汽车式起重机规范操作方法

（1）禁止吊物行驶。工作完毕起腿、回转臂杆不得同时进行。

（2）汽车式起重机行驶时，应将臂杆放在支架上，吊钩挂在保险杠的挂钩上，并将钢丝绳拉紧。

（3）汽车式全液压起重机还必须遵守下列规定：

①作业前应将地面处理平坦放好支腿，调平机架，支腿未完全伸出时，禁止作业。

②有负荷时，严禁伸缩臂杆，接近满负荷时，应检查臂杆的挠度。回转不得急速和紧急制动，起落臂杆应缓慢。

③操作时，应锁住离合器操纵杆，防止离合器突然松开。

（五）龙门吊机、桅杆吊机、电动葫芦规范操作方法

（1）龙门吊及桅杆吊机上平台应设 1m 高的防护栏杆或挡板，操作人员应从专用梯上下。

（2）两机同时作业，相距间距应不少于 3m。

（3）起重机台驶近限位端时，应减速停车。

（4）作业中若遇突然停电，各控制器应放于零位，切断电源开关，吊物下面禁止人员接近。

（5）工作完毕，应将吊钩升起，桅杆吊机吊钩要挂牢。水上及江边起重机还应根据天气情况，采取避风措施。

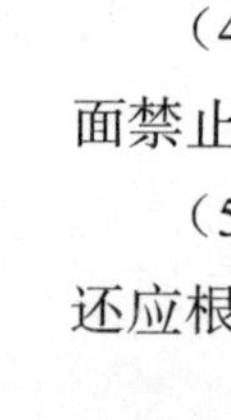

安全小贴士

塔式起重机装拆作业时易出现的安全隐患

1. 施工人员仅凭个人经验操作。由于每种型号的塔吊均有其独立的拆装程序，一些施工人员在拆装过程中凭以往的经验随意操作，改变工作程序，从而导致事故的发生。

2. 大风时（4 级以上）装拆。一些单位为赶进度不顾环境因素

强行装拆，在承受风荷的同时吊运标准节或配重极易失稳。

3. 塔机标准节安装时未拧紧螺栓而导致螺栓既受压力又受剪力，很容易断裂，这也是塔吊常见事故之一。

4. 顶升过程中起重臂违规转向或未调好平衡即进行作业。塔机顶升时，塔身标准节已与回转下支座分离，而顶升套架相对塔身而言，其强度较弱，此时如承受较大的不平衡力矩，将会引发事故。

5. 附墙架间距过大、附着点固定不稳，或独立高度过大，在受侧向荷载或大风时也可能发生安全事故。

6. 塔吊设备复杂，在安装过程中常会有零件缺失的现象，一些安装人员不向生产厂家购买原配件而是随意选取替代品，例如很多工地都有利用废旧钢筋取代螺栓的现象。由于未经过正规的检验，其锈蚀程度、内部损伤、力学性能等是否能达到要求不得而知，因此也为使用造成很大的安全隐患。

第六章

施工用电违章行为典型案例及规范操作方法

- 一、施工用电违章行为
- 二、典型案例分析
- 三、规范操作办法及规定

一、施工用电违章行为

（一）施工现场临时用电违章行为

1．配电箱操作违章行为

（1）把配电箱当作开关箱使用。

（2）一闸多机。

（3）动力与照明合用一个配电箱时，合用一组刀闸和保险。

（4）漏电保护器使用一个月以上或搁置一段时间再使用时，未做检测。

（5）漏电保护器和用电设备不匹配。

（6）漏电保护器频繁掉闸时，不去排除故障，而是在漏电保护器上接线。

（7）设备供电时，不关闭闸口门，而是由外部漏保小门合闸。

（8）电工检修电气线路或设备，配电箱不挂“禁止合闸”的警示标志，或不上锁就作业（严禁预约供电）。

（9）配电箱未按照规定接地。

（10）配电箱周围堆放杂物，开关箱内存放下料单、工具等。

2．配电线路操作违章行为

（1）电缆的负荷小于用电设备的负荷。

（2）电缆接头的处理不符合要求。

（3）过路电缆无安全措施。

（4）电缆走线有明辅现象。

（5）埋地电缆沿线无警示标志。

（6）电气设备不使用标准插头，而是直接用线缆头插入插座。

（7）电缆随地乱拖，施工人员、小车随意踩轧。

（8）楼内电缆直接在架杆上捆绑。

（9）无操作证者私自接线，压线接触不牢或者直接挂在保险丝上。

（10）接头不用胶布，用塑料纸或者根本不包绝缘物。

（11）用金属丝代替保险丝。

3．机械设备用电违章行为

（1）交流电焊机不装漏电保护器，二次侧线不用电缆线而是以脚手架、钢筋等代替电缆线。电焊机一、二次侧无防护。

（2）木工、机械、钢筋弯曲机、钢筋调莨机、沙浆泵、搅拌机等使用倒顺开关控制电源。

（3）电焊机操作人员不戴帆布手套，不穿胶鞋，电焊机使用过后不断电，或在运行时长时间离开。

（4）电焊机一次侧电缆过长，长度大于5m，接线处无防护罩，焊把线不使用专用把线，用钢筋或者绝缘线代替。

（5）设备不设开关箱，或者开关箱距设备太远，距离大于30m。

4．保护接地和保护接零方面的违章行为

（1）雨后未及时对用电设备绝缘电阻、保护零线电路进行检测。

（2）对中小型固定的机电设备外壳保护接零不规范，未接在设备接零专用螺栓上。配电箱保护接零不连接，配电箱不做保护接零或保护措施。

（3）施工现场夜间使用的临时照明灯具使用两芯电缆。

（4）振动棒直接放在混凝土等潮湿有水的环境里，不保护零线，不经过漏电保护器，挪动振动棒和电缆时不戴绝缘手套，操作人员不穿防雨鞋。

5．手持电动工具方面的违章行为

（1）手持电动工具的分类不清楚，造成了漏电保护器不匹配（Ⅱ类手持电动工具的漏保额定动作电流不大于15mA，动作时间小于0.1s）。

（2）Ⅰ类手持电动工具（金属外壳有保护接零）在露天、潮湿或金属架构上的施工现场使用。

（3）使用手持电动工具不穿戴绝缘护具。

（4）手持电动工具自带的电缆和接头随意接长，不保护零线。

（二）其他用电违章行为

（1）移动电源盘、电动机具未检验就投入使用。

（2）电源盘一闸多机，且接线柱均裸露。

（3）使用家用插排。

（4）电焊机使用木质材料铺盖，电源线、二次线和气管线走向混乱且相互缠绕。

（5）使用没有接线盒和保护罩的碘钨灯，或者照明灯具的悬挂高度过低，低于2.5m。

（6）非电工拆、装施工用电设施。

（7）配电盘没有上锁，且没有设警告和责任人标志。

（8）施工电缆浸泡在水中。

（9）电动工器具电源引线过长，长度长于 5m。

（10）行灯的电压超过 36V，且没有保护罩。

二、典型案例分析

案例1　触碰高压线引发触电事故

（一）事故经过

2014年4月8日，某钢铁有限公司扩建厂房，在该厂毗邻的围墙外施工，已进入打桩阶段。晚上7时许，打桩承包人陈某将一批打桩物资拉到工地北侧。为看管这些物资，此钢铁有限公司副总经理陈某某叫本公司的10名工人，连同工地的十几名工人，一起将位于工地南侧铁结构的阿望亭搬到北面。大约搬移了200m，阿望亭的上端碰到工地东北侧3条东西走向的万伏高压线，引发触电事故，导致12人死亡。

（二）原因分析

1. 直接原因

工人缺乏安全用电常识和自我保护的安全意识，在搬动阿望亭时，只顾下面，不顾上面，致使高达5.3m的阿望亭触到高压线，引发触电事故。

2. 间接原因

（1）该公司未及时处理高压线方面的安全隐患。高压线架设采用的是12m电杆，架设后的高压线与原地面距离有7m以上，因厂方进行“三通一平”填土，致使高压线距现地面的高度减少，安全隐患增加。

（2）该公司副总经理陈某某违章指挥，在不了解情况和打桩承包人不在场的情况下，擅自要求工人搬移阿望亭（该亭长2.5m、宽2.3m、高5.3m）。

（三）防范措施

（1）不论在地面或是楼上移动梯子、操作平台较高的设施、工具等，首先要观察高处输电线与移动物体之间的距离，确认有足够的安全距离，再进行作业。

（2）要搬较长的金属物体时要注意避开电线，特别是高压线。

（3）在地面或者楼面上运送材料时，不要踩踏电线，停放手推车、堆放钢模板、跳板、钢筋时也应避开地面电线。

（4）在移动有电源线的机械设备时，必须先切断电源，不能带电搬动。

（5）为了防止设备外壳带电发生触电事故，设备均采用保护清零，并安装漏电保护器等措施。

案例2 潜水泵漏电触电事故

（一）事故经过

在某建筑工地上，操作工王某发现潜水泵开动后漏电开关会自动关闭，便要求电工把潜水泵电源线不经漏电开关接上电源。起初电工不肯，但在王某的多次要求下照办了。潜水泵再次启动后，王某拿起一条钢筋欲检查潜水泵是否沉入了泥里，当王某挑起潜水泵时，随即触电倒地，经抢救无效死亡。

（二）原因分析

1．直接原因

操作工王某由于不懂电气安全知识，在电工劝阻的情况下仍要求将潜水泵电源线直接接到电源上，同时，在明知漏电无保护的情况下用钢筋挑动潜水泵，属于违章作业，是造成事故的直接原因。

2．间接原因

电工在王某的多次要求下违章接线，明知故犯，留下严重的事故隐患，是事故发生的重要原因。

（三）防范措施

（1）电气专业人员应持证上岗，非电气专业人员不准进行任何电气部件的更换或维修。

（2）建立临时用电检查制度，按临时用电管理规定对现场的各种线路和设施进行检查和不定期抽查，并将检查、抽查记录存档。

（3）检查和操作人员必须按规定穿戴绝缘胶鞋、绝缘手套；必须使用电工专用绝缘工具。

（4）临时配电线路必须按规范架设，架空线必须采用绝缘导线，不得采用塑胶软线，不得成束架空敷设，不得沿地面明敷。

案例3 踩踏电缆触电身亡事故

（一）事故经过

2013 年 8 月，某住宅区工地工程项目经理郭某某将工地的石灰供应及加工分包给茂南区低埒石灰厂老板杨某，杨某又将石灰加工包给朱某某等 5 位四川工人，这 5 位工人日夜轮换操作。8 月 21 日早晨 5 时，正在开石灰搅拌机的朱某某，发觉搅拌机不时停止转动，怀疑漏电开关有问题，便往漏电开关处走去看个究竟，途中踩到搅拌机电缆后触电死亡。

（二）原因分析

1．直接原因

工地缺乏安全监督管理。该工程的石灰供应加工层层转包，最后包给未经安全培训的工人。当事人朱某某自我保护意识不强，进行机械操作时脚穿潮湿布鞋，造成触电伤害。

2．间接原因

（1）现场用电不规范，管理混乱。电缆拖地、破皮漏电，漏电开关失灵，存在严重事故隐患。

（2）工地对安全生产不重视，拒绝落实安监站提出的具体整改要求。

三、防范措施

（1）独立的配电系统必须采用三相五线制的接零保护系统，非独立系统可根据现场的实际情况采取相应的接零或接地保护措施。各种电气设备和电力施工机械的金属外壳、金属支架和底座必须按规定采取可靠的接零或接地保护。

（2）在采取接地和接零保护措施的同时，必须设两级漏电保护装置，实行分级保护，形成完整的保护系统。漏电保护装置的选择应符合规定。

（3）施工人员应增强安全意识，认识到电力设施周边环境中的安全隐患，规范操作，忌随意在现场拖拽电缆或踩轧电缆的违规行为。

（4）建筑公司应加强安全管理，配备专业人员对电力设备及线路做好检修和维护，避免漏电触电事故的发生。

案例 4　破损电缆触电死亡事故

（一）事故经过

2013 年 7 月 23 日 20 时 35 分，某建筑公司施工队混凝土工柴某某，使用冲毛机进行作业。冲毛工作结束后，由于工作时间已晚，柴某某思想松懈，未按操作规程切断电源就准备将冲毛机吊运到其他工作面。当他用手分开与电缆绞在一起的高压风管时，右手抓到电缆破损处（ 电压 380 V）造成触电。现场人员发现后，急忙将其送往医院抢救，后抢救无效死亡。

（二）原因分析

1．直接原因

柴某某违章作业，在未断开电源的情况下用手抓破损的电缆线。

2．间接原因

（1）值班电工责任心不强，未能检查发现并及时处理电缆破口，造成柴某某在分开与电缆绞在一起的高压风管时，右手触及电缆破损漏电处。

（2）施工队领导对安全工作重视不够，施工管理较乱，出现带电吊运冲毛机的现象。

（三）防范措施

（1）加强施工人员对《施工现场安全管理规定》的学习，开展反“三违”活动；对施工人员加强安全用电教育，增强安全意识和自我保护意识。

（2）应对施工现场和生活区的电线、电缆、用电设备进行定期检查和检测，发现问题及时处理，消除安全隐患。

案例5 塔式起重机电击事故

（一）事故经过

2005年9月12日早晨，沈阳某产业园区厂房建设正处于打地基阶段，地面以下约2m多深的地基坑已完成水泥浇灌，上面立着很多预埋钢件。上班后，工人王某预备用1台QTZ40型塔吊将坑边施工现场的物料运回库房，这时清理现场的工人李某用手接扶吊钩，刚一接触吊钩即发生触电，身体不由自主地抽搐后倒，脚绊到后面的钢板角上，接连往后退了几步，掉进了地基坑，头部撞在竖立的角钢上导致昏迷，送往医院后被诊断为严重脑震荡。

（二）原因分析

1．直接原因

吊车电机供电的电缆有一处极不明显的破损，破损处恰好贴在小车架角钢上，用手碰电缆时，吊钩的接零保护失效，从而带电。

2．间接原因

塔式起重机工作时往复走车，供电电缆处于经常摩擦状态，极易与其他物体摩擦而剐破造成漏电。由于起重机经常处于运动状态，破损处只有与金属结构接触时才出现漏电，而且漏电往往时断时续，不易被发觉。

（三）防范措施

（1）在施工现场中，塔式起重机、搅拌机等施工机械必须采用 TN－S 接地保护系统，同时在为电气设备供电的每条线路的首端，都必须设置漏电保护器，防止当相线与大地有金属性连接时，零线或已接零的电气设备金属外壳带电，引发事故。

（2）企业应加强施工设备的日常安全检查工作。对于塔式起重机，应检查电气系统，包括线路、电动机对地绝缘电阻，塔身、电机外壳、电气箱接地电阻以及漏电断路器等，确保设备安全运行。

案例 6　踩中漏电电缆触电事故

（一）事故经过

2012 年 8 月 21 日上午，在一建筑工地，项目经理张某发现搅拌机不时停止转动，怀疑电线开关有问题，于是指派工人王某前去检查，王某途中不慎踩中一根漏电电缆触电死亡。据悉，该工程项目是由浙江某公司分包给张某的，但张某并未取得施工资质。

（二）原因分析

1．直接原因

施工现场用电不规范，管理混乱，电缆拖地现象随处可见，用电设施质量不达标，多条电缆出现破皮漏电现象，然而项目经理张某对这些重大安全隐患并未进行整改，这是导致事故发生的直接原因。

2．间接原因

（1）工程项目分包管理不严，相关监理部门对分包检查程序审查不严，张某在未取得建筑施工作业资格的情况下违章指挥，施工单位和相关管理机关未落实安全管理职责，对施工现场存在的安全隐患排查不到位。

（2）工人缺乏安全用电常识和自我保护的安全意识，在检查漏电电缆时未穿戴任何安全防护用品。

（三）防范措施

（1）从业人员在取得特种作业人员操作证之前不得上岗作业，对于用电设施的安装、维护、检修，必须由专业电气人员进行操作，非电气专业人员不准进行任何电气部件的更换或维修。

（2）用电设施操作和检查人员必须按规定穿戴绝缘胶鞋、绝缘手套，必须使用电工专用绝缘工具。

（3）建筑单位要规范施工现场管理，配电线路按规范架设，各类用电设施必须经过质监部门检验合格，禁止超期限使用用电配件，架空线必须采用绝缘导线，不得采用塑胶软线。

三、规范操作方法及规定

（一）建筑工程现场施工用电一般规定

（1）配电线路宜采用电缆敷设，淘汰单根绝缘导线架空敷设方式。

（2）配电箱、开关箱应采用由专业厂家生产的符合相应技术规范要求的定型化产品，并取得“3C”认证证书，配电箱内使用的隔离开关、漏电保护器及绝缘导线等电器元件也必须取得“3C”认证证书。

（3）施工现场临时用电设备在 5 台及以上或设备总容量在 50kW 及以上者，应编制用电组织设计方案。临时用电组织设计及变更时，必须履行“编制、审核、批准”程序，由电气工程技术人员组织编制，经企业的技术负责人和项目总监批准后方可实施。

（4）施工现场临时用电必须建立安全技术档案。安全技术档案应包括下列内容：

①用电组织设计的全部资料；

②修改用电组织设计的资料；

③用电技术交底资料；

④用电工程检查验收表；

⑤电气设备的试验、检验凭单和调试记录；

⑥接地电阻、绝缘电阻和漏电保护器漏电动作参数测定记录表；

⑦定期检（复）查表；

⑧电工安装、巡检、维修、拆除工作记录。

（5）临时用电工程要进行定期检查。定期检查时，应复查接地电阻值和绝缘电阻值。

（6）临时用电工程定期检查应按分部、分项工程进行，对安全隐患必须及时处理，并应履行复查验收程序。

（二）电气安全基本常识

1．基本原则

（1）建筑施工现场的电工、电焊工属于特种作业工种，必须按国家有关规定经过专门安全作业培训，取得特种作业操作资格证书，方可上岗作业。其他人员不得从事电气设备及电气线路的安装、维修和拆除。

（2）建筑施工现场必须采用TN－S接零保护系统，即具有专用保护零线（PE线）、电源中性点直接接地的220/380V三相五线制系统。

（3）建筑施工现场必须按“三级配电二级保护”的标准设置。

（4）施工现场的用电设备必须实行“一机、一闸、一漏、一箱”制，即每台用电设备必须有自己专用的开关箱，专用开关箱内必须设置独立的隔离开关和漏电保护器。

（5）严禁在高压线下方堆放材料和进行施工作业；在高压线一侧作业时，必须保持至少6m的水平距离，达不到上述距离时，必须采取隔离防护措施。

（6）在宿舍工棚、仓库、办公室内严禁使用电饭煲、电水壶、电炉、电热杯等较大功率电器。如需使用，应由项目部安排专业电工在指定地点安装可使用较高功率电器的电气线路和控制器。严禁使用不符合安全标准的电炉、电热棒等。

（7）严禁在宿舍内乱接电源。非专职电工不准乱接或更换熔丝，不准以其他金属丝代替熔丝（保险丝）。

（8）严禁在电线上晾衣服或挂其他东西等。

（9）搬运较长的金属物体，如钢筋、钢管等材料时，应注意不要碰触到电线。

（10）在临近输电线路的建筑物上作业时，不能随便往下扔金属类杂物，更不能触摸、拉动电线或与电线接触的钢丝和电杆的拉线。

（11）移动金属梯子和操作平台时，要观察高处输电线路与移动物体的距离，确认有足够的安全距离，再进行作业。

（12）在地面或楼面上运送材料时，不要踏在电线上；停放手推车，堆放钢模板、跳板、钢筋时不要压在电线上。

（13）在移动有电源线的机械设备，如电焊机、水泵、小型木工机械等时，必须先切断电源，不能带电搬动。

（14）当发现电线坠地或设备漏电时，切不可随意挪动和触摸金属物体，并保持10m以上距离。

2．安全电压

（1）安全电压是为防止触电事故而采用的50V以下特定电源供电的电压系列，分为42V、36V、24V、12V和6V五个等级，根据不同的作业条件，选用不同的安全电压等级。建筑施工现场常用的安全电压有12V、24V、36V。

（2）以下特殊场所必须采用安全电压照明供电：

①室内灯具离地面低于2.4m，手持照明灯具，一般潮湿作业场所（地下室、潮湿室内、潮湿楼梯、隧道、人防工程以及高温、有导电灰尘等）的照明，电源电压应不大于36V。

②在潮湿和易触及带电体场所的照明电源电压，应不大于24V。

③在特别潮湿的场所，导电良好的地面、锅炉或金属容器内，使用手持照明灯具等，照明电源电压不得大于12V。

3．电线相色

（1）正确识别电线的相色。

电源线路根据分工可分为相线（火线）、专用工作零线和专用保护零线。一般情况下，工作相线（火线）带电，专用工作零线和专用保护零线不带电（但在不正常情况下，工作零线也可能带电）。

（2）相色规定。

一般相线（火线）分为A、B、C三相，分别为黄色、绿色、红色；工作零线为黑色；专用保护零线为黄绿双色线。严禁用黄绿双色、黑色线作为相线，也严禁用黄色、绿色、红色线作为工作零线和保护零线。

4．插座的使用

正确安装与使用插座。

（1）插座分类。

常用的插座分为单相双孔、单相三孔和三相三孔、三相四孔等。

（2）选用与安装接线。

①三孔插座应选用“品字形”结构，不应选用等边三角形排列的结构，因为后者容易发生三孔互换造成触电事故。

②插座在电箱中安装时，必须首先安装固定在安装板上，接地极与箱体一起作可靠的PE保护。

③三孔或四孔插座的接地孔（较粗的一个孔）必须置在顶部位置，不可倒置，两孔插座应水平并列安装，不准垂直并列安装。

④插座接线要求：对于两孔插座，左孔接零线，右孔接相线；对于三孔插座，左孔接零线，右孔接相线，上孔接保护零线；对于四孔插座，上孔接保护零线，其他三孔分别接A、B、C三根相线。

5．“用电示警”标志

进入施工现场需要认真遵守用电管理规定，正确识别“用电示警”标志或标牌，不得随意靠近、挪动和损坏标牌。

使用分类	颜　　色	使用场所
常用电力标志	红色	配电房、发电机房、变压器等重要场所
高压示警标志	字体为黑色，箭头和边框为红色	需高压示警场所
配电房示警标志	字体为红色，边框为黑色（或字与边框交换颜色）	配电房或发电机房
维护检修示警标志	底为红色、字为白色（或字为红色、底为白色、边框为黑色）	维护检修的相关场所
其他用电示警标志	箭头为红色、边框为黑色、字为红色或黑色	其他一般用电场所

（三）施工安全用电技术措施

1．电气线路的安全技术措施

（1）施工现场电气线路全部采用“三相五线制”（TN － S 系统）专用保护接零（PE 线）系统供电。

（2）施工现场架空线采用绝缘铜线。

（3）架空线应设在专用电杆上，严禁架设在树木、脚手架上。

（4）导线与地面保持足够的安全距离。导线与地面最小垂直距离：施工现场应不小于 4m；机动车道应不小于 6m；铁路轨道应不小于 7.5m。

（5）无法保证规定的电气安全距离，必须采取防护措施。

如果在建工程的位置存在限制而无法保证规定的电气安全距离，必须设置防护性遮栏、栅栏、悬挂警告标志牌等，发生高压线断线落地的情况时，非检修人员要远离落地位置 10m 以外，以防跨步电压危害。

（6）为了防止设备外壳带电发生触电事故，设备应采用保护接零，并安装漏电保护器等措施。作业人员要经常检查保护零线联接是否牢固可靠，漏电保护器是否有效。

（7）在电箱附近等用电危险地方，应挂设安全警示牌。如“有电危险”“禁止合闸，有人工作”等。

2．照明用电的安全技术措施

（1）临时照明线路必须使用绝缘导线，户内（工棚）临时线路的导线必须安装在离地 2m 以上的支架上；户外临时线路必须安装在离地 2.5m 以上的支架上，零星照明线不允许使用花线，一般应使用软电缆线。

（2）建设工程的照明灯具宜采用拉线开关。拉线开关距地面高度为 2 ～ 3m，与出、入口的水平距离为 0.15 ～ 0.2m。

（3）严禁在床头设立开关和插座。

（4）电器、灯具的相线必须由开关控制。不得将相线直接引入灯具，也不允许以电气插头代替开关来分合电路，室外灯具距地面不得低于 3m；室内灯具不得低于 2.4m。

（5）使用手持照明灯具（行灯）应符合一定的要求：

①电源电压不超过 36V。

②灯体与手柄应坚固，绝缘良好，并耐热防潮湿。

③灯头与灯体结合牢固。

④灯泡外部要有金属保护网。

⑤金属网、反光罩、悬吊挂钩应固定在灯具的绝缘部位上。

（6）照明系统中每一单相回路上，灯具和插座数量不宜超过 25 个，并应装设熔断电流为 15A 以下的熔断保护器。

3．配电箱与开关箱的安全技术措施

施工现场临时用电一般采用三级配电方式，即总配电箱（配电室），下设分配电箱，再下设开关箱，开关箱以下是用电设备。

（1）配电箱、开关箱的箱体材料，一般应选用钢板，亦可选用绝缘板，但不宜选用木质材料。

（2）电箱、开关箱应安装端正、牢固，不得倒置、歪斜。固定式配电箱、开关箱的下底与地面垂直距离应大于或等于 1.3m，小于或等于 1.5m；移动式分配电箱、开关箱的下底与地面的垂直距离应大于或等于 0.6m，小于或等于 1.5m。

（3）进入开关箱的电源线，严禁与插销连接。

（4）电箱之间的距离不宜太远。分配电箱与开关箱的距离不得超过 30m。开关箱与固定式用电设备的水平距离不宜超过 3m。

（5）施工现场每台用电设备应有各自专用的开关箱，且必须满足“一机、一闸、一漏、一箱”的要求，严禁用同一个开关箱直接控制两台及两台以上用电设备（含插座）。开关箱中必须设漏电保护器，其额定漏电动作电流应不大于30mA，漏电动作时间应不大于0.1s。

（6）所有配电箱门应配锁，不得在配电箱和开关箱内挂接或插接其他临时用电设备，开关箱内严禁放置杂物。

（7）配电箱、开关箱的接线应由电工操作，非电工人员不得乱接。

（8）配电箱的工作环境应经常保持设置时的环境要求，不得在其周围堆放任何杂物，保持必要的操作空间和通道。

（9）在停、送电时，配电箱、开关箱之间应遵守合理的操作顺序：

送电操作顺序：总配电箱⟶分配电箱⟶开关箱；

断电操作顺序：开关箱⟶分配电箱⟶总配电箱。

正常情况下，停电时首先分断自动开关，然后分断隔离开关；送电时先合隔离开关，后合自动开关。

（10）使用配电箱、开关箱时，操作者应接受岗前培训，熟悉所使用设备的电气性能和掌握有关开关的正确操作方法。

（11）更换熔断器的熔丝，必须用原规格的熔丝，严禁用铜线、铁线代替。

（12）停电维修机器作业时，要与电源负责人联系停电，要悬挂警示标志，卸下保险丝，锁上开关箱。

（四）手持电动机具安全使用常识

手持电动机具在使用中需要经常移动，其振动较大，比较容易发生触电事故。而这类设备往往是在工作人员紧握之下运行的，因此，手持电动机具比固定设备具有更大的危险性。

1. 手持电动机具的分类

手持电动机具按触电保护分为Ⅰ类工具、Ⅱ类工具和Ⅲ类工具。

（1）Ⅰ类工具，即普通型电动机具。

其额定电压超过50V。工具在防止触电的保护方面不仅依靠其本身的绝缘，而且必须将不带电的金属外壳与电源线路中的保护零线作可靠连接，这样才能保证工具在基本绝缘损坏时不成为导电体。这类工具外壳一般都是全金属。

（2）Ⅱ类工具，即绝缘结构皆为双重绝缘结构的电动机具。

其额定电压超过50V。工具在防止触电的保护方面不仅依靠基本绝缘，而且还提供双重绝缘或加强绝缘的附加安全预防措施。这类工具外壳有金属和非金属两种，但手持部分是非金属，非金属处有“回”符号标志。

（3）Ⅲ类工具，即特低电压的电动机具。

其额定电压不超过50V。工具在防止触电保护方面依靠安全特低电压供电，在工具内部不产生比安全特低电压低的电压。这类工具外壳均为全塑料。Ⅱ、Ⅲ类工具都能保证使用时电气安全的可靠性，不必接地或接零。

2．手持电动机具的安全使用要求

（1）一般场所应选用Ⅰ类手持式电动工具，并应装设额定漏电动作电流不大于15mA、额定漏电动作时间小于0.1s的漏电保护器。

（2）在露天、潮湿场所或金属构架上操作时，必须选用Ⅱ类手持式电动工具，并装设漏电保护器，严禁使用Ⅰ类手持式电动工具。

（3）负荷线必须采用耐用的橡皮护套铜芯软电缆。单相用三芯（其中一芯为保护零线）电缆；三相用四芯（其中一芯为保护零线）电缆；不得用有破损或老化现象的电缆，中间不得有接头。

（4）手持电动工具应配备有专用的电源开关和漏电保护器的开关箱，严禁一台开关接两台以上设备，其电源开关应采用双刀控制。

（5）手持电动工具开关箱内应采用插座连接，其插头、插座应无损坏，无裂纹，且绝缘良好。

（6）使用手持电动工具前，必须检查外壳、手柄、负荷线、插头等是否完好无损，接线是否正确（防止相线与零线错接）；发现工具外壳、手柄破裂时，应立即停止使用并进行更换。

（7）非专职人员不得擅自拆卸和修理工具。

（8）作业人员使用手持电动工具时，应穿绝缘鞋，戴绝缘手套，操作时握其手柄，不得利用电缆提拉工具。

（9）长期搁置不用或受潮的工具在使用前应由电工测量绝缘阻值是否符合要求。

安全小贴士

建筑工地防触电小常识

建筑工地往往有各种用电设备，很容易发生触电事故。避免事故发生，需要施工管理有关单位认真执行安全生产规章，进出工地的人员注意自我保护，严格遵守规章。

（1）首先要从源头上杜绝事故隐患，严格采购管理，防止工地使用劣质电线电缆。

（2）最好不要把线路铺放在人行地面处，尽量架空布线，实在是要地面布线，必须严格要求施工人员避免损伤线路，有条件就采用管道布线，以防止触电事故。

（3）严格管理生活区的用电线路，严禁工人随意乱拉电线，用电器功率必须要和线路匹配，不得在线路上覆盖衣物，不得随意用各种规格的线缆拼接线路，线路需要远离工人卧床。

（4）很多建筑工地没有专门的电工，工人接线很随意；就算有专业电工，也存在偷懒的情况，没有进行接线绝缘处理。负责安监的人员必须要求工人严格接线的绝缘处理。

（5）建筑工地很多用电设备是带有金属外壳的，因此，工地线路和大型设备，特别是高压用电设备，一定要做好接地保护，防止设备漏电后出现事故。

（6）建设工地上的电力线路尽量避开钢筋，否则线路漏电会产生大量带电体，很容易导致工人触电。此外，要严格要求工人操持钢筋，防止钢筋触碰高压线路。

（7）不少工地存在电线被偷盗的情况。线缆被盗处往往接线口裸露，也可能保护接地或是保护接零线被盗，这些都会埋下安全隐患，因此，平时要加强安保工作，电工也需要经常检查线路，排除隐患。

第七章

动火作业违章行为典型案例及规范操作方法

- 一、动火作业违章行为
- 二、典型案例分析
- 三、规范操作方法及规定

一、动火作业违章行为

动力作业是指进行电焊、气焊、切割、喷灯、火炉、电炉、熬沥青、锤击（产生火花），以及生产装置和罐区临时用电，包括使用电钻、砂轮、风镐等进行可能产生火焰、火花和炽热表面的临时性作业。常见的动火违章行为如下：

（1）动火现场无消防设备或消防器材未配备与动火区域面积、燃烧介质等相匹配的灭火设备。

（2）动火部位与生产系统没有有效隔断。动火部位 5m 以内有易燃物。在动火点 15m 之内的潜在可燃蒸汽或气体源未安全封闭。

（3）没有逃生通道或逃生通道上有障碍物。

（4）动火监护人离岗，做与动火无关的工作。

（5）开展 5 级（含 5 级）以上的风力动火作业。

（6）高空动火作业没有可靠的防焊渣、火花溅落措施。

（7）乙炔瓶卧放使用，乙炔瓶未安装回火防止器，氧气瓶、乙炔瓶与动火点间距不够。需动火的设备或管道未经专人做隔离锁定置换、吹扫、冲洗等确保安全动火的工艺处理。

（8）电气焊（切割）人员无证操作。

（9）现场动火级别高于动火票的级别。动火作业内容与火票不符。高空、临时用电作业，无相应的作业票。

（10）动火作业有受限空间，在环境、作业条件发生质变的情况下，仍使用之前的作业许可证，未立即停止现场作业。

（11）在动火现场发现的问题未得到解决，未经作业区域动火审批人重新检查作业现场并重新颁发作业许可证之前恢复动火作业。

（12）超过动火作业前气体检测数据一小时时效，未经重新检测而动火。动火人员不清楚动火设备内部情况及动火点环境而贸然动火。

二、典型案例分析

案例1　气割作业造成氨气爆炸事故

（一）事故经过

2009年8月13日下午，某施工车间（氰酸钠、氰酸钾车间）尾气（氨气）吸收装置有一台水吸泵出现故障，该厂副厂长郭某便指派机修工陶某（无特种作业证）对该水泵进行气割切除，但施工前未对装置内的残留氨气进行置换。约16时45分左右，气割作业引发装置内可燃气体爆炸，造成陶某当场死亡。

（二）原因分析

1．直接原因

（1）郭某作为企业分管生产和安全的副厂长，安全意识淡薄，违反动火作业规程。在动火作业范围内，未进行可燃气体检测，在硫酸氨储罐未进行置换的情况下，违章指挥不具备焊接作业资格的机修工陶某进行气割作业。

（2）陶某安全意识淡薄，在不具备焊接作业资格的情况下，违章操作，引发可燃气体爆炸。

2．间接原因

该化工厂在厂房、仓库未经消防验收的情况下就投入使用，企业特种作业人员无证上岗，未能教育和督促员工严格执行本单位规章制度和操作规范。

（三）防范措施

（1）要严格按照安全生产相关规定，取得本单位建设项目的行政许可，确保本单位具备安全生产条件。

（2）要加强对企业员工的安全培训和教育，确保特种作业人员持证上岗。督促员工按照操作规程进行作业，严禁出现违章指挥和冒险作业的情况。

案例2　违章动火引起污水调节池燃爆事故

（一）事故经过

2014年5月4日11时30分，某工程公司3名维修人员在污水调节池处装配一根管道。由于此处易燃易爆化学物质积聚，容易发生火灾爆炸事故，在此处施工本应冷配，但3人既不办动火手续，又不听污水车间主任、安全员的劝告、制止，擅自违章动火，在调节池污水进口槽上方配管处动火，造成进口槽起火。11时42分，调节池发生爆炸，混凝土顶盖被炸翻，致使在调节池灭火的12名职工当场身亡，另有6人受轻伤。

（二）原因分析

1. 直接原因

维修人员违章动火，这是造成事故的直接原因。氯丁污水中含有大量的有机可燃物，常温下易挥发，因此其相应界区严禁动火。但是3名维修人员在此处施工时，既不办动火手续，又不听污水车间主任、安全员的劝告、制止，擅自违章动火，由此而引发污水调节池起火爆炸。

2. 间接原因

在这起事故中，爆炸内因是池内有可燃气体，外因是火种窜入。因氯丁污水混有固态杂质物，调节池要定期地进行清理，清理时，杂质从池底阀排出。由于池底阀被凝胶等固态杂质缠住，打不开，只得用潜水泵抽水，但是仍无法将池内的水全部抽走。内部的物质慢慢挥发、扩散。在着火后的燃烧过程中，导致爆炸。

（三）防范措施

（1）加强安全生产的思想教育，落实各级人员的安全责任制，层层建立安全网，使每个职工懂得“自己的生命掌握在自己手中”，注意保护自己，也注意保护他人。强化安全管理，严肃劳动纪律，加强安全教育和检查力度，特别对青年工人，尤其要加强安全生产教育培训。对于违章作业行为，要严肃处理，绝不姑息。

（2）加强安全队伍的建设。针对厂安全队伍老化，人员素质参差不齐的现状，采取积极措施，补充新鲜血液，择优上岗。安全管理工作的重点转向基层，发现隐患，狠抓落实。及时充实消防队力量，更新消防器材。

（3）积极采取技术改进措施，向技术进步要安全。积极吸收国内外先进工艺技术、科学管理方法，逐步淘汰存在着不安全因素的工艺、设备和操作方法，提高效率，减少废物排放，提高生产过程中的安全性和可靠性。

（4）对氯丁污水处理装置进行全面检查：①人工下池清理前必须通风，用新鲜空气置换，检测合格后才能下池。②对污水进入预处理池的流槽现场定期清理，及时运走废胶、高聚物等垃圾。③对道路边的半密封氯丁污水沟改为敞开式。④对污水处理厂的焚烧炉及其焚烧工艺进行科研技术攻关。

案例3　焊接作业造成低压瓦斯罐闪爆事故

（一）事故经过

2011年2月，某炼油厂按照计划进行管线连接施工。在这次施工前，该厂曾经对该低压瓦斯管线进行过改造，并进行了动火断开处理，当时是想恢复该低压瓦斯线的连接。主管车间为了保证施工的安全，对该管线进行认真地蒸汽吹扫，并加盲板与其他低压瓦斯系统和凝缩油系统隔离，同时又对施焊点进行采样分析，确认合格。在一系列准备工作完成后，于2月27日下午开始进行动火焊接作业，焊接作业直到2月28日18时仍未结束。3月1日上午，施焊人员继续补焊，10时20分左右，低压瓦斯罐突然发生闪爆，将人孔盖掀飞到了20多米远的平台上。所幸当时施工人员离低压瓦斯罐都较远，没有造成人员伤亡。

（二）原因分析

1. 直接原因

作业管理人员对低压瓦斯罐装置不熟悉，没有将该罐具体情况摸清。该低压瓦斯罐罐底有一条支线进入地下，事前没有人了解其走向，沿管线挖沟查找发现该线与在用的凝缩油管线相连，虽然与凝缩油系统有两道阀隔离，但未加盲板，存在向罐内缓慢挥发可燃气体的可能。

2. 间接原因

（1）负责作业的管理人员思想上不够重视。连续两天动火没问题，第三天动火时，没有预料到外界环境的变化，没有及时对周围气体做进一步检测就开始施工。

（2）之前动火时，泄漏进去的可燃气处于静态，在瓦斯支线敞口处采样是合格的，但是2月28日下午车间要进罐检查，安排施工人员开人孔盖，螺栓已全部去掉，入口与动火施焊口形成了空气对流，导致罐内混合气体达到爆炸极限。

（3）3月1日当天气温上升，到了25℃以上，造成罐内压力升高，可燃气向施焊口处移动，遇到施焊火花后发生闪爆。

（三）防范措施

（1）作业管理人员对施工现场应该做全面了解，不能认为“动过火的设备最安全”。安全问题是一个动态的概念，不能把它看成一成不变的静态，要随时注意动火地点周围环境的变化。

（2）动火作业的采样分析要规范，要科学地选择采样点，并做尽可能多的采样分析。当动火环境发生变化时，要重新采样分析，评估环境，以确保安全。

案例4 焊接作业安全防范不足导致爆炸事故

（一）事故经过

2010年4月30日19时20分，某市地铁1号线某标段，在没有安排加班情况下，F3区间右线C－C断面第二道特殊变形缝仰拱处，有工人擅自施工，焊接火花撒落在氯丁一酚醛单组份胶交材料（防水粘结材料）上，引起大火，造成现场混乱。

（二）原因分析

1．直接原因

工地没有安排人员晚上施工，所以事件发生时施工方也未通知监理人员，监理人员没有在现场，施工单位管理人员也未在场。

2．间接原因

由于“五一”临近，监理部门根据地铁公司要求会同施工现场负责人对现场安全进行排查，并对发现的问题要求施工方立即整改，对工作面多、地下施工管理人员少及“五一”期间的值班安排，进行了口头要求，但对动火作业没有强制要求。

（三）防范措施

（1）加强对施工作业面的巡视力度，总监、副总监每周巡视两次，现场监理每天一次以上。凡发现不按程序擅自施工的，监理立即发监理通知并给以制止，制止不听的，总监下发暂停施工令，并报业主给予严肃处理。凡发现监理人员不按程序进行旁站的应予立即撤换并予以处罚。

（2）将施工安全、质量监控工作进一步细化、程序化，争取质量监控的主动权，施工单位需要作业前（如变形缝仰拱焊接）均应向现场监理报验（含动火申请），作业时监理必须在现场进行旁站。

案例5　违章动火造成液化汽油罐爆炸事故

（一）事故经过

2010年1月23日下午，在某施工现场某厂准备维修一段老化的输油管，于是该厂经理万某指派机修工方某对输油管进行焊接。15时35分左右输油管突然起火，接着火苗迅速蔓延到该厂一小型液化汽油罐储存仓库，并引起接连爆炸。事故共造成3人死亡，9人重伤，直接经济损失超过2000万元。

（二）原因分析

1．直接原因

（1）机修工方某安全意识淡薄，在未取得特种作业人员操作证的情况下，违章动火，造成连环爆炸。

（2）在动火作业前，未进行可燃气体检测，未对输油管内油气进行置换，同时输油管线严重老化，没有进行及时的更新维护。

2．间接原因

（1）该厂经理万某安全意识淡薄，违章指挥不具备焊接作业资格的机修工方某进行焊接作业，在施工前没有安排安全管理人员对现场进行隐患排查。

（2）由于临近春节，监理单位思想松懈，没有安排施工现场负责人对现场进行排查，对施工现场存在的安全隐患没有进行及时整改。

（三）防范措施

（1）要加强安全生产的思想教育，落实各级人员的安全责任制，层层建立安全网，提高从业人员的安全意识。

（2）要积极进行技术创新，促进产品的更新换代，同时要及时对企业的生产设备进行更新维护，严禁出现设备超限使用的现象。

（3）加强职工安全教育和特种作业人员培训工作，使职工有识别和排除危险作业的能力，提高职工安全意识。

案例6　违章动火造成瓦斯爆炸事故

（一）事故经过

2009年12月21日上午，某施工现场正在进行废旧输气管的切割作业。由于作业量小，经理张某嫌搭设防护墙太过麻烦，于是便指派电焊工王某在无任何防护设施的情况下对输气管进行切割。11时35分左右输气管突然起火，接着火苗迅速蔓延，引起施工现场附近瓦斯储存仓库连环爆炸。事故共造成13人死亡，9人重伤，直接经济损失超过7000万元。

（二）原因分析

1．直接原因

电焊工王某安全意识淡薄，在无任何防护设施的情况下，违章动火；该厂经理张某在对施工现场没采取任何防护措施的情况下，违章指挥，引起输气管起火，造成连环爆炸。

2．间接原因

（1）该厂安全生产管理松懈，厂内重要设备老化严重，未对生产设备进行更新维护。输气管严重老化却依然投入使用，对施工现场存在的安全隐患没有进行及时整改。

（2）建设单位、监理单位无视安全生产法规，未履行和落实对施工单位的重大隐患监督整改职责，以致事故的发生。

（三）防范措施

（1）要加强对从业人员的安全宣传教育，提高从业人员的安全防范意识，企业在施工前要落实对从业人员的技术交底和安全培训工作。

（2）需要进行动火作业时，应严格执行动火审批程序，且动火作业必须有人监火。同时，应采取有效的隔离方法进行隔离，隔离物应用阻燃材料，如铁板、石棉瓦、防火屏等。

三、规范操作方法及规定

（一）C 级、B 级和 A 级动火作业基本要求

（1）动火作业必须符合国家有关法律法规及标准要求。遵守公司相关的安全管理制度和操作规程，焊割工人必须有特种作业人员操作证。

（2）动火作业前操作者必须对现场进行安全确认，明确高温熔渣、火星及其他火种可能或潜在的喷溅区域，该区域周围 10m 范围内严禁存放任何可燃品（化学品、纸箱、塑料、木头及其他可燃物等），确保动火区域整洁、无易燃可燃品。

（3）对确实无条件移走的可燃品，或动火时可能影响或损害而又无条件移走的设备、工具等，操作者必须用严密的铁板、石棉瓦、防火屏风等将动火区域与外部区域、需保护的设备有效地隔离、隔绝；现场备好灭火器材和水源，必要时可不定时地将现场洒水浸湿。

（4）高处动火作业前，操作者必须辨识火种可能或潜在落下的区域，明确周围环境是否放置可燃易燃品；按规定清理现场，以防止火花溅落引起火灾爆炸事故；室外进行动火时，5 级以上大风时应停止作业。

（5）凡盛装过油品、油漆稀料、可燃气体、其他可燃介质，有毒介质等化学品及带压、高温的容器、设备、管道，严禁动火，凡是可动可不动火的一律不动，凡能拆下来的一定要拆下来移到安全地方动火。

（6）特殊情况下必须动火时，要保证容器、设备、管道处于常温、常压状态，通过切断或加装符合要求的盲板等措施保证动火设备或管道与生产系统的物料彻底隔离。

（7）担当部门必须办理《安全作业许可书》，并派人监火。

（8）使用气割焊动火作业时，氧气瓶与乙炔、丙烷气瓶间距不小于 5m，二者与动火作业点须保持不小于 10m 的安全距离；气瓶严禁在阳光下暴晒，氧气瓶口及减压阀、阀门处不得沾油脂、油污，乙炔瓶严禁横躺卧放，运输、储存、使用气瓶时，严禁碰撞、敲击、剧烈滚动，且气瓶放置时要牢固，防止气瓶倾倒。

（9）动火作业前应检查电焊机、气瓶（减压阀、胶管、割炬等）、砂轮、

修整工具、电缆线、切割机等器具，确保其在完好条件下，电缆线无破损、漏电等不安全因素，电焊机的地线应直接搭接在焊件上，不可乱搭乱接，防止接触不良、打火引发火灾或漏电致人伤亡。

（10）动火结束后，操作人员必须对周围环境进行安全确认，整理现场，在确认无任何火源隐患的情况下，方可离开现场。

（二）A 级和 B 级动火作业特殊要求

（1）A 级和 B 级动火作业时，担当部门必须按照规定负责组织办理《安全作业许可书》，严格落实“三不落火”原则，即没有经批准的《安全作业许可书》不动火，防火安全措施不落实不动火，现场无人监护不动火。担当部门负责落实动火监护人，动火监护人要严格履行看火职责，及时消除火灾隐患。

（2）B 级动火作业前，应由担当部门或操作人员进行安全确认，可根据情况确定是否派人协助确认；A 级动火作业必须经安全环保科进行作业前的安全确认，担当部门或操作人员协助确认，经安全环保科确认许可，落实《安全作业许可书》要求及有关防范措施后，操作人员方可进行动火作业。

（3）A 级和 B 级动火作业时，必须按规定清理现场，动火区域周围 10m 严禁放置任何油漆烯料、油品、气瓶，以及其他化学品等易燃品包装材料、木料等可燃品，并明确监火人，现场备好灭火器材及水源。动火作业时火种可能进入涂装室、油库及其他高危区域时，应将该区域洒水浸湿。

（4）A 级动火作业的现场通风设施要保持良好，尤其是涂装场所、油库、气站等，在易燃易爆场所挥发性气体气味较浓时严禁动火，应打开门窗，保持良好的通风，经气体检测合格后方可动火。

（三）安全许可证书的规定

（1）《安全许可证书》由担当部门负责组织操作人员、外协承包方提出动火申请，经担当部门初审后，到安全环保科办理，安全环保科终审批准《安全作业许可书》。

（2）《安全作业许可书》一式两份，办证人员一份，安全环保科一份。办证人员持《安全作业许可书》到现场，检查动火作业安全措施落实情况，确认安全措施可靠，并向动火人、监火人交代安全注意事项，并将《安全作业许可书》交给动火人。动火作业完毕后，《安全作业许可书》要交给担当部门存档。

（3）《安全作业许可书》不准转让、涂改、不得异地使用或扩大使用范围。

一份《安全作业许可书》只准在一个动火点使用，《安全作业许可书》的有效时间以安全环保科批准的为准，当超出有效期限时，必须重新申请办理。

安全小贴士

烧伤急救处理

在生产过程中有时会受到一些明火、高温物体烧烫伤害。严重的烧伤会破坏身体防病的重要屏障，血浆液体迅速外渗，血液浓缩，体内环境发生剧烈变化，产生难以抑制的疼痛。这时伤员很容易发生休克，危及生命。

烧伤的紧急救护不能延迟，要在现场立即进行。基本原则是：消除热源、灭火、自救互救。烧伤发生时，最好的救治方法是用冷水冲洗，防止烧伤面积进一步扩大。

衣服着火时应立即脱去，用水浇灭或就地躺下，滚压灭火。冬天身穿棉衣时，有时明火熄灭，暗火仍燃，衣服如有冒烟现象应立即脱下或剪去冒烟部位以免继续烧伤。身上起火不可惊慌奔跑，以免风助火旺，也不要站立呼叫，免得造成呼吸道烧伤。烧伤经过初步处理后，要及时将伤员送往就近医院进一步治疗。

第八章

气瓶使用违章行为典型案例及规范操作方法

- 一、气瓶使用违章行为
- 二、典型案例分析
- 三、规范操作方法及规定

一、气瓶使用违章行为

建筑施工过程中，最常见的气瓶是氧气瓶和乙炔瓶，下文就氧气瓶和乙炔瓶常见的违章行为作出表述。

（一）氧气瓶使用中的违章行为

氧气瓶是贮存和运输氧气的专用高压容器，它由瓶体、瓶阀和瓶帽三部分组成。其瓶体外部有两个防震胶圈，瓶体为天蓝色，并用黑漆标明“氧气”两字，用以区别其他气瓶。氧气作为一种理想的助燃气体，被广泛应用于焊接和切割中。由于氧气瓶是一种盛装助燃压缩气体的移动式容器，压力高，装卸运输频繁，使用环境杂乱，往往处于不安全的状态，一旦发生气瓶爆炸事故，将给人民生命财产造成巨大损失。目前在氧气瓶使用与管理上主要存在着以下几种隐患：

（1）超检验期充装。根据原劳动部《气瓶安全监察规程》规定，氧气瓶必须每 3 年检验一次。其目的是为了查清氧气瓶的安全状况，及时发现缺陷和隐患以避免事故的发生。但目前使用中氧气瓶超检验期充装的现象较为普通，给安全使用带来了严重的隐患。

（2）附件损坏、丢失。氧气瓶的附件中有瓶阀、手轮、瓶帽和防震胶圈。瓶帽是为了防止气瓶瓶阀在搬运过程中被撞击而损坏，甚至被撞断致使气体高速喷出，推动瓶阀和手轮向前高速飞动造成的伤亡事故。防震圈是为了防止气瓶受撞击而发生爆炸的一种保护装置，要求具有一定的厚度和弹性。《气瓶安全监察规程》明确规定，运输和装卸气瓶时，必须配戴好防护帽。但在实际使用中氧气瓶附件齐全的很少，大多数没有瓶帽、手轮，瓶阀伤痕累累，阀杆被撞弯，甚至严重变形，给安全使用带来严重威胁。

（3）太阳暴晒。《气瓶安全监察规程》规定，气瓶运输及夏季使用时应防止暴晒。因为氧气瓶的容积是有限的，暴晒会使瓶内介质温度升高，导致瓶内压力骤增，使气瓶处于危险状态。在氧气瓶运输中不采取遮阳措施，夏天使用时将氧气瓶置于太阳下暴晒，倘若气瓶本身存在缺陷，充装过量或者相互撞击，就有可能发生爆炸事故。

（4）安全距离不够。《气瓶安全监察规程》规定，氧气瓶使用时必须距明火 10m 以外，贮存时严禁和乙炔瓶同室存放。在焊接作业时，氧气瓶距焊接点的距离不够 10m，存在氧气瓶、乙炔瓶同室存放的现象，一旦气瓶漏气，遇上明火发生爆炸，将造成不可挽回的损失。

（5）野蛮装卸。短距离运输时，将氧气瓶用力推倒，然后顺地面滚动；车辆运输时固定不牢，气瓶相互碰撞，从车辆上直接向下推等行为极易引发安全事故。

（6）超装。氧气瓶在充装时由于违反操作规程或操作失误造成超装，使瓶内压力升高，并超过它的许用压力，也可能会引发爆炸。

（二）乙炔瓶使用中的违章行为

乙炔作为一种理想的可燃气体，被广泛地应用于焊接和切割中。但是乙炔属于易燃易爆的气体，它的点火能很小，约为一般易燃气体的 1/10，甚至有时肉眼都难以看见。它与空气混合达到一定浓度时，遇到火源极易发生爆炸。乙炔气瓶属于移动式的压力容器。在使用中，不同程度地存在着以下问题：

（1）乙炔气瓶与氧气瓶放置在同一个地点，未保持安全距离。

（2）乙炔气瓶水平滚动后，未竖直静放便投入使用。

（3）乙炔气瓶表面温度在 40℃以上，夏天露天作业无遮盖。

（4）乙炔气瓶未按规定留余压。

（5）充装单位没有认真检查便充装等。

（三）具体操作中常见的违章行为

（1）乙炔瓶无回火器；气瓶表盘损坏；乙炔瓶使用气流过大。

（2）乙炔气瓶没有佩带防震圈；乙炔瓶倾倒使用。

（3）乙炔气瓶和氧气瓶间距过小。

（4）气瓶气管线乱用。

（5）气瓶瓶阀不注意保持清洁，沾有油脂。

（6）气瓶和易燃物、易爆物混放在一起，气瓶靠近热源。

（7）将气瓶与易燃物、油脂和带有油脂的物品同车运输。

（8）瓶阀冻结时用火烤的方式解冻。

二、典型案例分析

案例1 香烟引爆工地乙炔事故

（一）事故经过

2013年9月，深圳罗湖区某建筑工地上，气瓶储存间内储放了3瓶氧气和3瓶乙炔气瓶。某日，几名工人到气瓶储存间避雨，下雨时间较长。其中一名工人点燃香烟，由于乙炔泄漏，引发爆炸，造成一死两伤。

（二）原因分析

1．直接原因

（1）工人安全意识淡薄，在气瓶储存间点燃香烟，违规动火。

（2）储存间所使用的气瓶存在老化现象，且乙炔气瓶与氧气瓶违规同室储存，储存间氧气和乙炔气体发生泄漏，极易引起爆炸。

2．间接原因

（1）相关部门未认真履行职责，未按规定加强对气瓶储存间的监督管理，对存在安全隐患的气瓶储存间未认真排查安全隐患。

（2）气瓶储存间无专人看管，外人随意入内，未设置“严禁烟火”的警示标志，未及时发现乙炔泄漏。

（三）防范措施

（1）企业要进一步加强安全生产教育，普及安全生产知识，提高员工的安全意识和安全技能，对从业人员进行全面的岗前培训，严禁无关人员进入危险物储存间。

（2）建立、健全本单位的安全生产责任制，制定安全生产管理制度和操作规程，并上墙公布，严格执行安全生产台账制度，落实专人登记备案，认真排查气瓶储存间等场所的安全隐患。

（3）按照相关规定规范地储存易燃易爆气体。乙炔瓶储存时，一般要保持直立位置，并应有防止倾倒的措施；严禁与氯气瓶、氧气瓶及易燃物品同室储存；储存间在醒目的地方应设置“乙炔危险”“严禁烟火”的标志；在使用和储运乙炔气瓶过程中，应避免剧烈震动和撞击。存放乙炔瓶的室内场所应注意保持通风，防止泄漏的乙炔滞留。

案例2　乙炔瓶着火烧伤事故

（一）事故经过

2007年4月22日14时，某气体有限公司下属经销点驾驶员魏某和押运员杨某，运送乙炔瓶至用户单位仓库卸货。在杨某采用开启瓶阀放气方法检查瓶内气体压力时，漏出的乙炔气被在仓库门口不足3m处磨光机作业产生的火星引燃，导致火焰喷出十余米外。现场有关人员立即用灭火器具扑救灭火，乙炔瓶未受损，但杨某腰部、双手内臂、左脸部等多处被不同程度地烧伤。

（二）原因分析

1．直接原因

（1）押运员杨某违规检查乙炔瓶，擅自在用户单位仓库门口开启乙炔瓶阀排放乙炔气，且不使用减压器具和回火防止装置，又操作过猛，造成乙炔气急速大量外漏。

（2）用户单位作业人员违规交叉作业，在工业气体仓库门口近距离进行磨光机作业，且无防护措施，四处飞溅的火星导致现场具备易燃气源的点火条件。

2．间接原因

（1）该气体有限公司经销点严重失职。未配置安全作业装备且未配发员工劳动防护用品，又未制定气瓶安全技术操作规程，更缺乏对员工进行安全教育和上岗培训，使员工长期无证上岗，终因员工违规作业而酿成事故。

（2）事故发生后，当事人杨某对着火衣服处理不当，未能做到及时有效地自救，导致伤害进一步扩大。

（3）某用户单位生产现场安全管理不到位。工业气体仓库管理人员或生产主管人员缺乏日常安全检查，且存在劳动组织不合理现象（磨光机作业与仓库安全距离严重不足）。一方面，仓库门口缺少安全警示标志；另一方面，作业人员安全意识十分淡薄，对动火作业危险性认识不足。

（三）防范措施

（1）气体经销单位应切实履行安全管理职责。对单位内部有关人员应加强上岗培训和安全教育，并经有关部门考核，取得安全从业资质方能让其上岗。

（2）气体经销单位应配置安全作业装备，配发员工劳动防护用品，配备应急救援灭火器材等。

（3）气体经销单位应强化安全技术措施。根据有关法规标准和工业气体安全技术说明书，制定有关安全技术操作规程，设置并维护有关安全设施及警示标志、标签，配齐气瓶安全附件，落实气瓶固定充装单位充装制度（即“一对一”充装制度）。

（4）气体经销单位应负责向用户宣传工业气体安全使用知识，包括安全储存、搬运、使用及相关作业要求，发送工业气体安全技术说明书，加强与用气单位沟通，了解并掌握用户单位工业气体使用和相关安全技术措施落实状况。

（5）工业气体气瓶装卸、运输、押运人员，应严格遵守有关安全卫生管理制度，认真执行气瓶安全技术操作规程，并按规定正确使用劳动防护用品，掌握工业气体气瓶事故应急救援处置技能。发生事故后，应立即抢救受伤人员，及时报告本单位负责人，并做好现场保护。

案例3 某工地氧气瓶卸载时发生爆炸事故

（一）事故经过

2006年5月30日早晨，冯某从义乌市某气体制造公司提出氧气20瓶、乙炔4瓶、二氧化碳3瓶，沿路销售（装卸）。到凌云立交桥（在建）下面时已是下午3时许，冯某在给一个工地卸氧气瓶时，车厢内突然发生爆炸。

（二）原因分析

事后调查发现，该车停在黄泥土路上，地上无坚硬物。爆炸原因是容器本身不能承受瓶内气体压力。毫无疑问，事故的主要责任应由充装单位（气瓶产权单位）承担。

（三）防范措施

（1）气瓶充装前必须进行安全检查。储存易燃易爆气体的气瓶必须每三年定期检验一次，怀疑存在安全隐患时要及时检验，阀门及瓶阀修理时要严格去油，垫片、垫圈要用规定的材质，不得改用未经安全试验的材料，充氧软管必须用铜合金或不锈钢，不得用橡胶软管，充氧站用的灭火器药剂不得含油。

（2）要加强安全生产管理，提高员工的安全意识和安全技能，对从业人员进行全面的岗前培训，充装管理人员和充装工必须经过专业培训，考核合格，发给合格证书后方能上岗。

（3）要建立健全安全生产责任制，气体经销单位要切实履行安全生产管理职责，落实岗位责任制，相关行政单位要严格依照法律法规对违法违纪的生产销售行为严厉处罚。

案例 4　氧气瓶运送途中爆炸事故

（一）事故经过

2013 年 11 月 20 日下午，在本溪某施工现场，电焊工滕某从库房提出 21 瓶氧气，准备运到第二车间进行焊接作业。途中由于运输车辆出故障，滕某便自作主张用一辆小推车逐次搬运。开始时十分顺利，但当滕某从运输车上将第 8 瓶氧气拖向小推车时，气瓶突然发生爆炸，事故造成 2 人死亡，3 人重伤。

（二）原因分析

1．直接原因

（1）滕某搬运的氧气瓶有些已经报废，但是施工单位仍在违规使用。

（2）滕某从高车上向低车上拖滑气瓶属于违章行为，他的行为导致瓶体受到强烈撞击，从而引发气瓶爆炸。

2．间接原因

（1）施工单位安全管理人员安全意识淡薄，检查不到位，未按规定填写氧气充装前检查记录、充装操作记录、充装后复验记录。

（2）气体公司未落实安全生产责任，未按规定对出厂钢印、检验钢印进行重点检查，致使超期限服役气瓶投入使用。

（3）电焊工滕某未取得特种作业人员操作证，在未经资质认可的情况下从事运输危险化学品的工作。

（三）防范措施

（1）气体经销单位要切实履行安全生产管理职责，建立健全各项规章制度，落实岗位责任制，对违法违纪的生产销售行为严厉处罚。

（2）气体经销单位要强化安全技术措施，根据有关法律法规的规定和工业气体安全生产销售的要求，制定切实可行的安全技术操作规程，并加大资金投入，配置安全作业装备，并配发相应的应急救援灭火器材。

（3）气体充装单位在充装前要对使用的气瓶逐个检查，必要时测定壁厚，对超期使用的气瓶或钢印模糊不清的气瓶必须进行报废处理，严禁使用不合格气瓶，严格遵守使用说明或警示标签等要求。

（4）工业气体气瓶装卸、运输、押运人员，应严格遵守有关安全卫生管理制度，认真执行气瓶安全技术操作规程，并按规定正确使用劳动防护用品，掌握发生工业气体气瓶事故时的应急救援处理方法。

案例5 焊接作业中溶解乙炔气瓶爆炸事故

（一）事故经过

2012年3月23日10时40分，某公司动力车间焊工王某，从仓库内领出溶解乙炔气和氧气各一瓶，运到四车间现场进行焊接作业（约2分钟）。焊完后，将乙炔瓶和氧气瓶仍放在现场，准备于第二天作业时再用。3月24日8时50分左右，焊工王某在做焊接前的准备工作时乙炔瓶突然爆炸，几秒钟后，又发生一次大爆炸，造成王某当即死亡，另有数人受伤。

（二）原因分析

1．直接原因

（1）工人王某违反易燃易爆气体储存的相关规定将乙炔气瓶和氧气瓶同室储存，乙炔气体、氧气与空气混合后合成易燃易爆气体，极易发生爆炸。

（2）气瓶充装前未进行安全检查，储存间很多气瓶存在较为严重的老化现象，极易出现气体泄漏。

2．间接原因

（1）气体经销单位未落实安全生产责任，安全意识淡薄，未按规定对充装气瓶进行检验，气瓶超期限使用。

（2）企业管理人员未认真履行职责，玩忽职守，未认真排查气瓶储存间存在的安全隐患，检查不到位，未按规定填写气瓶检查记录。

（三）防范措施

（1）企业加强员工的安全生产教育，提高员工的安全意识和安全技能，对从业人员进行全面的岗前培训，切实做好安全技术交底工作。

（2）企业要切实履行安全生产管理职责，建立健全各项规章制度，落实岗位责任制，严格执行“一人一岗”，把追责主体的情形明细化、具体化，提高安全管理人员的责任意识，同时针对气体储存间等易发生事故的场所切实做好安全检查工作，认真排查安全隐患。

（3）气体经销单位必须在气体充装前进行气瓶安全检查，充装气瓶必须保证质量合格，严禁气瓶超期限使用，要建立完善的定期检查制度，对存在质量问题及老化现象的气瓶及时予以更换。

案例6 乙炔气瓶与氧气瓶同室存放爆炸事故

（一）事故经过

2013年1月26日上午，苏州某施工现场，工人李某从库房提出12瓶乙炔气体，运到第二仓库进行储存，他发现该仓库已存有10瓶氧气，在没有采取任何防护设施的情况下把乙炔气瓶与氧气瓶同时放在该仓库。两天后，该仓库突然发生爆炸，事故造成5人死亡，3人重伤。

（二）原因分析

1．直接原因

李某将乙炔气瓶和氧气瓶存放在同一仓库，且未装设任何防护设施，事故发生后经检验发现该仓库内的乙炔气瓶和氧气瓶都存在严重老化的问题，部分气瓶存在漏气现象，乙炔气体、氧气与空气混合后合成易燃易爆气体，从而引发了爆炸。

2．间接原因

气体公司未落实安全生产责任，安全意识淡薄，未按规定对使用的气瓶进行检验；气瓶超期限使用，老化现象严重；施工单位安全管理人员思想松懈，检查不到位，未按规定填写气瓶检查记录。

（三）防范措施

（1）企业要切实履行安全生产管理职责，建立健全各项规章制度，落实岗位责任制，严格执行“一人一岗”，把追责主体的情形明细化、具体化，提高安全管理人员的责任意识。

（2）必须使用国家定点厂家生产的乙炔气瓶，新瓶必须保证合格证齐全，严禁超期限使用，要建立完善的定期检查制度，对存在质量问题及老化的气瓶及时予以更换。

（3）乙炔气瓶存放之前应确认周围环境的安全，不得靠近热源及电气设备，不得与氧气瓶或其他装有易燃易爆气体的气瓶混放，并要建立经常性的安全检查制度，对生产、储存场所出现的隐患要及时排查和整改。

三、规范操作方法及规定

（一）乙炔气瓶规范操作方法

安全使用乙炔气瓶需要遵守以下几点：

（1）溶解乙炔气瓶必须是国家定点厂家生产的，新瓶的合格证应是齐全的，并与钢瓶肩部的钢印相符。使用过程中的气瓶，必须根据国家《溶解乙炔气瓶安全监察规程》的要求，进行定期技术检验。

（2）乙炔气瓶使用前，应稍微打开瓶阀除去瓶口的脏物，安装好专用的乙炔减压器，使减压器位于瓶体最高部位。并检查接头处是否漏气，确认后调整到规定压力再使用。

（3）乙炔气瓶一般应在 40℃以下的环境中使用，当温度超过 40℃时，应采取有效的降温措施。

（4）乙炔气瓶表面颜色为白色，漆色应保护完好，不得随意更改。

（5）乙炔气瓶应放置在安全场所，不得靠近热源及电气设备；乙炔气瓶应竖直摆放，防止丙酮流出造成爆炸；一旦要使用卧放的乙炔气瓶，必须先直立静止 20 分钟后再使用。

（6）禁止敲击、碰撞乙炔气瓶，当瓶阀冻结时，可用 40℃及以下的热水解冻，严禁火烤。

（7）乙炔气瓶搬运时应使用专用车，严禁用电磁起重机、缆绳吊装搬运；工作地点不固定且移动较频繁时，应装在专用的胶轮车上。

（8）乙炔气瓶必须装回火防止器；开瓶阀时，操作者应站在阀口的一侧，动作要轻缓；瓶阀开启不要超过一圈半，一般情况只开启 3/4 圈；使用工作压力一般在 0.02MPa ～ 0.06MPa。

（9）严禁铜、银、汞等及其制品与乙炔接触，必须使用铜合金器具时，合金的含铜量应小于 70%。

（10）乙炔气瓶内的气体严禁用尽。根据环境温度的变化，乙炔气瓶内应留余压为 0.1MPa ～ 0.3MPa，防止其他气体灌进气瓶内。

（11）工作时，开启乙炔气瓶上的瓶阀扳手应留在瓶阀上，以便在发生泄漏时能迅速关闭阀门。

（12）停止作业时，应关闭瓶阀，卸下减压器，在确认气体并无泄漏时，方可离开工作地点。

（13）在室内或密闭的环境下使用乙炔气瓶，要防止泄漏，加强通风，避免发生燃爆事故。

（14）气瓶均需装两道防震圈（上下布设），乙炔瓶、液化石油气等易燃气瓶在使用时应直立放置，并注意采取防倾倒措施。

（二）氧气瓶规范操作方法

（1）氧气瓶一定要避免受热，也不能在阳光下直接暴晒；氧气瓶应远离高温、明火、熔融金属飞溅物和可燃易爆物质等，安全距离应在5m以上。

（2）在操作过程中，如果发生氧气瓶压力低于可燃气体压力，则可燃气体会倒吸入氧气系统引起燃烧和爆炸。所以氧气瓶中的氧气不允许全部用完，至少应留0.1MPa～0.2MPa剩余压力。

（3）氧气瓶应尽可能垂直立放，并设有支架固定，一般不允许水平放置，因为水平放置会把瓶中的腐蚀锈末带入减压器，使减压器受到损坏。

（4）氧气瓶和乙炔瓶需装设合格的减压器，而且两个减压器不能互相对峙，以免气流射出冲击对方，造成事故。

（5）氧气瓶操作工人绝对不能用沾有各种油脂或油污的工作服、手套和工具等去接触气瓶及其附件，最好用专用工具，以免引发事故。

（6）禁止将压缩纯氧用来改善空气或通风换气，亦不得用来代替压缩空气吹扫工作服上的尘屑、吹除乙炔管道的堵塞物，或作为气动工具的动力源等。

（7）并联使用氧气瓶时，在氧气汇流输出的总阀上应装设单向阀。

（8）开启瓶阀和减压器应缓慢，在有电焊工作的地点使用氧气瓶时，瓶底应垫绝缘物，以防氧气瓶带电。

（9）冬天氧气瓶出口处如有冻结现象，严禁使用明火或用红铁烘烤，以免氧气突然大量冲出造成事故。氧气瓶进出口处的冻结现象，是由于氧气流动吸热造成的，最好是使用热的空气流或蒸汽流化冻，或温水化冻。

（10）氧气瓶和乙炔瓶在存储、运输和使用过程中，间距至少为5m。

（11）氧气瓶气管线为红色，乙炔瓶气管线为黑色，不得混用或乱用。

（12）氧气和液化石油气瓶在使用、运输和储存时，环境温度不得高于60℃。

安全小贴士

气瓶的颜色标志

序号	充装气瓶的名称	瓶色	字样	字色
1	氧	淡（酞）蓝	氧	黑
2	氩	银灰	氩	深绿
3	氮	黑	氮	淡黄
4	二氧化碳	铝白	液化二氧化碳	黑
5	乙炔	白	乙炔不可近火	大红

第九章

文明施工违章行为典型案例及规范操作方法

- 一、文明施工违章行为
- 二、典型案例分析
- 三、规范操作方法及规定

一、文明施工违章行为

施工现场不但应该做到安全生产，同时还应做到文明施工，整齐有序，把以“脏、乱、差”为特征的工地变为城市文明的“窗口”。建筑施工中，常见的文明施工违章行为主要如下：

（1）起重指挥人员作业时不使用口哨、指挥旗和对讲机。

（2）酒后进入施工现场。

（3）施工现场随地吸烟。

（4）施工现场随地大小便。

（5）随意乱丢钢钉、拉铆钉及焊接作业的焊条头等细小材料。

（6）施工现场的材料码放混乱，堵塞通道（如电源通道、消防通道、人行通道等）。

（7）施工人员不穿工作服，甚至裸背进入施工场地，高空作业不系安全带。主要表现形式为：有少数员工高空作业时不按规定佩戴安全带（绳），更多情况则是安全带在身上，而挂钩一端不系挂。

（8）施工人员不穿防护鞋而是穿拖鞋进入施工现场，主要危害是：钉子扎脚、落物砸脚。

（9）工程废料随地倾倒，不注意绿色施工、保护环境。

（10）施工现场沿线围挡设施不规范，基座破损、倾斜，对施工产生的脏污封闭不严。

（11）施工现场周边道路、道口保洁措施未落实到位。

（12）工程完工后对工程垃圾清理不彻底甚至根本不清理，裸土覆盖不彻底。

（13）工程运输车辆违规载人。主要表现形式有：物资出库、倒运过程中，作业人员乘坐在运输货物的车辆上甚至大型超高、超宽物体运输车辆。主要伤害表现为：紧急刹车时物体伤人、人员高处坠落受伤、大型设备运输途中易侧翻伤人。

二、典型案例分析

案例 1　挡墙外侧擅自挖坑倒塌事故

（一）事故经过

2014 年 6 月，某工地的挡墙由施工单位承包给一包工队承建并已建成。17 日，由于包工头怀疑验收方量不实，擅自在挡墙外侧最低洼处挖探坑（1 m^2 左右）以重新复核方量。开挖时未采取任何防护措施，在挖至 2m 左右深时突然发生倒塌，导致一人被埋在坑内。事故发生后，各方采取积极抢救措施，40 分钟后将被埋人员送至医院，经抢救无效死亡。

（二）原因分析

1. 直接原因

施工单位管理不到位，对分部、单位工程未交验的工程放松管理，未安排人员进行有效监控，边坡未按规定放坡、护壁，以至最终失稳导致事故发生。

2. 间接原因

监理单位未对施工现场进行巡查，对违反强制性标准的行为没有及时发现。现场监理日记记录不全面、不规范。

（三）防范措施

（1）要加强对员工的安全生产教育，提高作业人员的安全生产防护意识。进一步规范操作人员的施工程序，不得在未经允许的情况下擅自施工。

（2）施工单位、监理单位要认真学习贯彻执行《安全生产法》，建立健全本单位的安全生产责任制和各项规章制度，落实对施工现场日常监督检查职责，对于存在安全隐患的部位要及时整改，以防意外的发生。

案例 2　高空重物坠落事故

（一）事故经过

2014 年 6 月 17 日上午，在浙江省某学校施工现场，项目部经理孙某指派工人阮某和张某二人去拆学校西南方向的平房房顶，一人工作一人监护，轮流工作。11 时 30 分，张某在房顶拆除砖瓦时，施工用的重锤和房顶边缘堆积的砖块突然坠落，阮某当场被埋，后被紧急送往医院，经确诊为严重脑震荡和双腿粉碎性骨折。

（二）原因分析

1．直接原因

施工人员张某和阮某安全意识淡薄，安全操作技能缺乏，未按规定进行作业，在作业时未穿戴安全防护用品，张某在房顶施工时没有注意对身边重物的防护，导致重锤和堆积的砖块突然坠落，这是造成事故的直接原因。

2．间接原因

（1）现场安全管理存在严重缺陷，施工单位安全管理混乱，职责不清，责任不明，无视国家相关法律法规，在工人未配备安全防护措施的情况下违章指挥，对施工现场存在的安全隐患没有做到及时排查，安全防护责任没有得到切实地落实。

（2）建设单位、监理单位无视安全生产法规，未履行对施工单位的重大隐患监督整改职责，监督职责没有得到切实落实，以致事故的发生。

（三）防范措施

（1）要加强对从业人员的安全宣传教育，提高作业人员的安全防范意识，企业在施工前要落实对从业人员的技术交底工作。

（2）施工企业和工程监理单位要加强施工过程中的重点部位和关键环节的管理和监控，对于存在安全隐患的部位要及时整改，施工过程中要督促员工穿戴好安全防护用品，以防意外的发生。

（3）建设单位、监理单位要认真学习贯彻执行《安全生产法》，建立健全本单位的安全生产责任制和各项规章制度，落实对施工现场日常监督检查职责。

案例 3 焊接施工烧伤事故

（一）事故经过

2014 年 8 月 23 日上午，某建筑公司电焊工王某和孙某在某住宅区施工现场进行钢管焊接工作，二人在焊接作业过程中未穿戴任何防护用品。焊接过程中，王某由于操作失误点燃了不远处堆放的木屑，二人身边只有一个灭火器，没能及时扑灭火源，后引起了整个工地的大火，二人被严重烧伤，直接经济损失超过800万元。

（二）原因分析

1．直接原因

（1）该建筑公司电焊工王某和孙某安全意识淡薄，在进行电焊作业时未穿戴任何防护用品，违章作业，且在作业区域未准备充足有效的灭火设施，使得在火灾刚刚发生时没能及时扑灭。

（2）该建筑公司未对员工进行系统的安全教育培训，施工前未对员工进行切实的技术交底工作，并且王某和孙某在作业时思想松懈，工作不认真，以致出现重大事故。

2．重要原因

施工单位、安全监理单位安全生产责任落实不到位，对员工作业必备的防护用品没有配齐，对于危险项目既未制定安全技术操作规程，又缺乏对员工的安全教育和上岗培训，终因员工违规作业而酿成火灾苦果。

（三）防范措施

（1）建筑企业要增强安全防范措施，加大资金技术投入，对员工配发齐全的安全作业装备，尤其对于动火、用电等极易引发火灾的作业行为，要配备齐全的应急救援灭火器材。

（2）要进一步加强员工的安全生产教育，普及安全生产知识，严格遵守安全卫生管理制度，同时加强对从业人员的全面岗前培训，严格执行特种作业人员上岗证制度。

案例4　未戴防护用具触电死亡事故

（一）事故经过

2012年3月11日，某施工现场进行电站1B主变的检修，1B主变差动保护动作，主变高压侧断路器跳闸，电站现场运行负责人林某当即召集人员进行检查，并要求项目部人员协助查找原因。在检查1#机10KV开关室内时，林某要求项目部人员检查1#机出口断路器的主变差动电流互感器的二次侧端子（在发电机出口开关柜内的电流互感器上）。经双方口头核实安全措施以后，邓某便进去检查，邓某钻进去检查电流互感器接线端子是否松动，随即柜内出现强烈的电弧光，邓某触电，当场被电击伤太阳穴、手掌等部位。后被送往医院抢救，终因伤势过重抢救无效而死亡。

（二）原因分析

1．直接原因

（1）人员进入开关柜检查前，没有事先合上开关柜内的接地刀闸。检查人员邓某未按规定穿戴绝缘胶鞋、绝缘手套，检查时未使用电工专用绝缘工具。

（2）主变1B保护动作后，1F出口开关跳闸，机组自动转入有励空载运行，出口开关下端带电，项目部参加检查人员安全操作意识淡薄，在进入高压设备前，未对设备接地状态作最基本的检查，未能对其所说的机组停机、设备无电进行确认，检查人员邓某钻入的实际上是有电的10KV开关柜。

2．间接原因

电站现场运行负责人林某违章指挥，要求无特种作业资格的项目部人员邓某进行专业技术要求较高的检修工作，且进行检修工作时没有办理工作票、操作票，没有按程序做好安全措施，没有进行“停电—验电—装设接地线等”工作，也没执行作业监护制度，严重违章；项目部对职工的安全教育不够，检查监督不力。

（三）防范措施

（1）定期开展安全教育活动，组织全体职工经常性地学习《电力安全工作规程》等，加强安全意识教育；加强安全监督管理工作，检查和操作人员必须按规定穿戴绝缘胶鞋、绝缘手套；必须使用电工专用绝缘工具。在已有投入运行设备的电站进行施工，严格办理“两票三制”制度。

（2）在电气施工工作中，必须严格执行电气作业安全操作规程，高压设备停电后，必须投接地刀闸，并另挂接地线，要接触高压母线或设备，必须先用高压验电器检验，确认安全后再接触；低压设备停电并做好安全措施后，也必须用验电笔或万用表检验，确认无电后检修人员才可以进行工作，严格执行操作监护制度。

案例5 未戴安全带致使发生坠落死亡事故

（一）事故经过

2012年8月3日下午，福建省厦门市某装修公司员工赵某和陈某在30多米高的操作平台上进行玻璃外墙清洗作业，由于需要频繁换位，二人嫌戴着安全带工作不方便，于是都未佩戴安全带。16时37分操作平台突然出现剧烈摆动，二人由于未戴安全带皆从30多米高空坠落，后被紧急送往医院，经过2

个多小时两人均因抢救无效死亡。

（二）原因分析

1．直接原因

（1）该装修公司员工赵某和陈某二人在施工前未接受过系统的高空作业培训，无特种作业操作资格上岗，安全意识淡薄，违章作业，在高空作业时未佩戴安全带，不按操作规程施工，缺乏必要的防护，这是造成这起事故的最直接的原因。

（2）高空作业前工作平台操作人员未对操作平台进行安全检查，致使操作平台存在重大安全隐患，以致赵某和陈某二人作业时操作平台出现剧烈摆动。

2．间接原因

施工单位、安全监理单位未尽到安全生产防护职责，未对存在重大安全隐患的施工现场进行认真排查，使员工安全防护工作流于形式，这是导致事故发生的间接原因。

（三）防范措施

（1）装修公司要全面开展“查隐患、抓整改”的安全生产专项整治活动，消除存在的各类安全隐患，以确保类似的事故不会再次发生。

（2）要进一步加强安全生产教育，普及安全生产知识，对从业人员进行全面的岗前培训，严格执行特种作业人员上岗证制度。

（3）在高空作业等危险作业中，要安排专业人员进行现场安全管理，严格遵守安全管理制度，严格执行操作规程，确保安全措施的落实。

案例 6　野蛮操作致使脚手架坍塌事故

（一）事故经过

2014 年 10 月 14 日下午 2 时左右，在重庆市沙坪坝区某广场 E 栋工程施工现场，某施工队正在施工，据悉该工程是由重庆某建筑公司承建，北京某工程监理部监理，该工程外脚手架采用了附着升降脚手架。脚手架的附着高度在工程的 17 层至 19 层，此脚手架附着支撑形式为“吊拉式”，随脚手架的升降，其斜拉杆的悬吊位置也需随之进行改变。当作业人员将 1 号主框架拉杆逐渐拆除到 5 号主框架时，脚手架主框架便从 1 号主框架依次向 5 号主框架倒塌过来，造成 4 名作业人员随脚手架坠落死亡。

（二）原因分析

1．直接原因

（1）操作人员野蛮操作，违章作业。此种脚手架属侧向支撑结构，架体荷载通过主框架、斜拉杆及附墙架传给建筑结构。在改变斜拉杆位置时，作业人员应该先进行一榀主框架拉杆拆除，并按新位置将附墙支架固定后，才能进行另一榀主框架的拆除和固定。而作业人员采取了将数榀主框架附墙架同时拆除的方法，使脚手架支撑点明显减少，造成架体失稳倒塌。

（2）附着式升降脚手架质量不合要求。此附着式升降脚手架的附墙支架及吊环经改造加长后，焊缝未达到设计和规范要求，未经检查确认就盲目使用，受力后导致破坏，使脚手架失去支撑坍塌。

2．间接原因

（1）脚手架违章使用。按照规定，脚手架在升降和使用情况下，应确保每一主框架的附着支撑不得少于两处。而该脚手架没有严格执行交接验收，致使作业人员随意上下，在脚手架没有足够的附着支撑情况下安排人员上架作业，导致脚手架失稳。

（2）脚手架在进行装修作业时，规定同时作业不得超过3层，而该脚手架上铺设了7层脚手板，作业层数严重失控。

（3）监理未履行监督职责。管理混乱、隐患到处可见的施工现场，看不到监理的作用。施工单位施工能力差，管理混乱，本应及时得到监理人员的帮助和制止，清除隐患以避免事故重复发生，然而直到17～19层高度，管理混乱的局面始终未能得到改善，最终导致事故发生。

（三）防范措施

（1）全面提高安全生产意识。重庆市该企业要认真吸取这起事故的教训，坚持“安全第一，预防为主，综合治理”的方针，牢固树立安全发展的理念，正确处理好经济发展与安全生产的关系，加大安全生产宣传教育力度，切实提高对安全生产工作重要性和必要性的认识。

（2）该建筑施工单位要严格遵守安全生产和建筑工程有关法律法规。对新建、改建、扩建工程必须履行法定的行政许可程序，严禁生产经营单位外借施工资质或无资质单位、个人借用施工资质承揽工程，严禁工程施工非法分包、转包。强化职工“三级”安全教育，未经培训合格不得上岗作业。强化特种作业人员的管理，未持证的特种作业人员不得上岗作业。

（3）迅速整改事故隐患。各建筑施工单位要督促和教育员工严格遵守各项安全生产规章制度和操作规程，并确保严格执行，杜绝“三违”行为。要紧密结合本企业的特点和实际，认真开展安全生产大检查，对可能发生事故的各个环节、各个场所、各个岗位进行全面彻底地排查。对排查出的各类事故隐患，必须迅速落实整改人员、资金、措施，在规定的期限内整改到位。建设工程监理公司在抓好工程质量监理的同时更要抓好工程的安全管理，监理人员必须持证上岗，对施工过程中的每个环节，特别是对技术性强、工艺复杂的项目一定要跟踪旁站到位，严格执行签字验收制度。

（4）强化施工项目监管。各地区、各部门要认真履行职责，加强对建设工程监管力度，对不具备施工安全条件，未履行行政许可程序的项目不得开工建设。要组织开展打击非法挂靠、非法转包专项治理行动，加大执法力度，严厉打击非法违法行为，不留死角，不留盲点，对不符合安全生产条件的施工单位要坚决依法查处。

三、规范操作方法及规定

（一）现场场容管理要求

（1）成立文明施工管理领导小组，由项目经理任组长，项目副经理任副组长，现场各专业工长及后勤、保卫责任人均为成员。

（2）工地主要出入口要设置简易规整的大门，门旁必须设立明显的标牌，标明工程名称、施工单位和工程负责人姓名等内容。

（3）建立文明施工责任制，划分区域，明确管理负责人，实行挂牌制，做到现场清洁整齐。

（4）现场施工临时水电要有专人管理，不得有长流水、长明灯。

（5）施工现场的临时设施，包括生产、办公、生活用房、仓库、料场、临时上下水管道以及照明、动力线路，要严格按施工组织设计确定的施工平面图布置、搭设或敷设。

（6）搞好宿舍门前、工地卫生“三包”，安排专人清洁场地。设“六牌一图”：①施工单位及工地名称牌；②安全生产纪律宣传牌；③动火须知牌；④安全情况记录牌；⑤工地主要管理人员名单牌；⑥施工现场的危险区域警示牌；⑦施工总平面图。

（7）工地各出入口设有保卫室，加强对人员的出入管理。进入现场施工的人员穿统一服装及佩戴公司统一制作的个人身份标卡。标卡上有个人照片、姓名、职务等。

（8）工人操作地点和周围必须清洁整齐，做到活完脚下清，工完场地清，丢洒在楼梯、楼板上的砂浆混凝土要及时清除，落地灰要回收过筛使用。

（9）砂浆、混凝土在搅拌、运输、使用过程中，要做到不洒、不漏、不剩，使用地点盛放砂浆、混凝土必须有容器或垫板，如有洒、漏要及时清理。

（10）要有严格的成品保护措施，严禁损坏污染成品，堵塞管道。建筑物内清理的垃圾渣土要及时集中外运，严禁从门窗口向外抛掷。在楼梯踏步、休息平台、阳台等悬挑结构上不得堆放垃圾和杂物。严禁随地大小便。

（11）施工现场不准乱堆垃圾，应在适当地点设置临时堆放点，并定期外运。清运渣土垃圾及流体物品，要采取遮盖防漏措施，运送途中不得遗撒。

（12）实施封闭式管理。根据工程性质和所在地区的不同情况，采取适当的围护和遮挡措施，并保持外观整洁。

（13）针对施工现场情况设置宣传标语和黑板报，并适时更换内容。

（14）施工道路畅通，场地不积水，场地排水成系统，临时设施硬底化。

（二）现场机械及生活区卫生管理要求

（1）现场使用的机械设备，要按平面固定存放，遵守机械安全规程，经常保持机身等周围环境的清洁。机械的标记、编号明显，安全装置可靠。

（2）清洗机械排出的污水要有排放措施，不得让污水随地流淌。

（3）施工现场办公室、仓库、职工宿舍，保持清洁卫生，要建立卫生区域，经常打扫，并按规定在工程竣工交用后及时拆除和清退。上述房屋未经许可一律禁止使用电炉。

（4）施工现场设统一的集体食堂，食堂管理符合卫生标准，炊事员上岗持有效的健康证。保持整洁卫生，做到生、熟食物隔离，要有防蝇、防尘设施。

（5）施工现场要按规定设置临时厕所，安排专人经常打扫保持清洁，定期施撒白灰或其他消毒药物。

（6）施工现场严禁居住家属，严禁员工家属、小孩在施工现场穿行、玩耍。

（7）加强对工人教育，增强文明施工意识，自觉遵守纪律。凡有违纪行为一律严肃处理，严重者撤出现场。

（8）工地实行围挡封闭施工：①围栏设置按工程所处位置区别要求：市内围栏高度达到 2.5m 以上，郊区围栏达到 1.8m 以上，并达到稳固、整洁、美观；②建筑、装饰工程立面：围挡封闭高度必须高出作业层 1.5m 以上，以防物体外坠。

（9）工地建立企业特色标志，工地的出入口设置施工企业标志。

（10）工地区域分布合理有序、场容场貌整洁文明。施工区域与生活区域严格分隔，场容场貌整齐、有序、文明，材料区域堆放整齐，并采取安全保卫措施。

（11）设置醒目安全标志，施工区域和危险区域设置醒目的安全警示标志。

（12）设置“五牌一图”施工标牌，在工地主要出入口设置“五牌一图”：①工程概况牌；②管理人员名单及监督电话牌；③消防保卫牌；④安全生产牌；⑤文明施工牌；⑥施工现场平面图。

（13）工地必须做到三通一平、排水畅通，防止泥浆、污水、废水外流或堵塞下水道。

安全小贴士

文明施工管理要求

1．施工现场达到三通一平。

2．施工现场要设置十项安全技术措施牌、工程标志牌、文明施工标志牌、安全生产日历牌、分部分项工程质量评定牌、工程平面图、岗位负责人姓名牌、宣传栏、垂直运输机械注意事项牌、砂浆及砼配合比牌、计量牌、安全标志牌等施工现场所应具备的标牌。

3．施工现场应做到：

（1）随时清理建筑垃圾，保持施工现场的清洁卫生。

（2）设置临时厕所，保持施工现场无大小便。

（3）保持施工现场职工食堂卫生，厨师持健康证上岗，食堂办理卫生许可证，确保无食物中毒事件的发生。

（4）职工宿舍干净整齐，无异味，不超员。

（5）车辆出入工地前清理，不带泥土。

（6）各类机械设备、设施保持清洁。

（7）施工现场有条不紊、整洁卫生。

（8）按平面布置图设置施工机械设备，按规定搭设施工机械设备防护棚。

（9）严禁从楼内向下抛撒垃圾。

附录　建设工程安全生产管理条例

中华人民共和国国务院令

第393号

《建设工程安全生产管理条例》已经于2003年11月12日国务院第28次常务会议通过，现予公布，自2004年2月1日起施行。

总理　温家宝

二〇〇三年十一月二十四日

建设工程安全生产管理条例

第一章　总　　则

第一条　为了加强建设工程安全生产监督管理，保障人民群众生命和财产安全，根据《中华人民共和国建筑法》、《中华人民共和国安全生产法》，制定本条例。

第二条　在中华人民共和国境内从事建设工程的新建、扩建、改建和拆除等有关活动及实施对建设工程安全生产的监督管理，必须遵守本条例。

本条例所称建设工程，是指土木工程、建筑工程、线路管道和设备安装工程及装修工程。

第三条　建设工程安全生产管理，坚持安全第一、预防为主的方针。

第四条　建设单位、勘察单位、设计单位、施工单位、工程监理单位及其他与建设工程安全生产有关的单位，必须遵守安全生产法律、法规的规定，保证建设工程安全生产，依法承担建设工程安全生产责任。

第五条 国家鼓励建设工程安全生产的科学技术研究和先进技术的推广应用，推进建设工程安全生产的科学管理。

第二章 建设单位的安全责任

第六条 建设单位应当向施工单位提供施工现场及毗邻区域内供水、排水、供电、供气、供热、通信、广播电视等地下管线资料，气象和水文观测资料，相邻建筑物和构筑物、地下工程的有关资料，并保证资料的真实、准确、完整。

建设单位因建设工程需要，向有关部门或者单位查询前款规定的资料时，有关部门或者单位应当及时提供。

第七条 建设单位不得对勘察、设计、施工、工程监理等单位提出不符合建设工程安全生产法律、法规和强制性标准规定的要求，不得压缩合同约定的工期。

第八条 建设单位在编制工程概算时，应当确定建设工程安全作业环境及安全施工措施所需费用。

第九条 建设单位不得明示或者暗示施工单位购买、租赁、使用不符合安全施工要求的安全防护用具、机械设备、施工机具及配件、消防设施和器材。

第十条 建设单位在申请领取施工许可证时，应当提供建设工程有关安全施工措施的资料。

依法批准开工报告的建设工程，建设单位应当自开工报告批准之日起 15 日内，将保证安全施工的措施报送建设工程所在地的县级以上地方人民政府建设行政主管部门或者其他有关部门备案。

第十一条 建设单位应当将拆除工程发包给具有相应资质等级的施工单位。

建设单位应当在拆除工程施工 15 日前，将下列资料报送建设工程所在地的县级以上地方人民政府建设行政主管部门或者其他有关部门备案：

（一）施工单位资质等级证明；

（二）拟拆除建筑物、构筑物及可能危及毗邻建筑的说明；

（三）拆除施工组织方案；

（四）堆放、清除废弃物的措施。

实施爆破作业的，应当遵守国家有关民用爆炸物品管理的规定。

第三章 勘察、设计、工程监理及其他有关单位的安全责任

第十二条 勘察单位应当按照法律、法规和工程建设强制性标准进行勘察，提供的勘察文件应当真实、准确，满足建设工程安全生产的需要。

勘察单位在勘察作业时，应当严格执行操作规程，采取措施保证各类管线、设施和周边建筑物、构筑物的安全。

第十三条 设计单位应当按照法律、法规和工程建设强制性标准进行设计，防止因设计不合理导致生产安全事故的发生。

设计单位应当考虑施工安全操作和防护的需要，对涉及施工安全的重点部位和环节在设计文件中注明，并对防范生产安全事故提出指导意见。

采用新结构、新材料、新工艺的建设工程和特殊结构的建设工程，设计单位应当在设计中提出保障施工作业人员安全和预防生产安全事故的措施建议。

设计单位和注册建筑师等注册执业人员应当对其设计负责。

第十四条 工程监理单位应当审查施工组织设计中的安全技术措施或者专项施工方案是否符合工程建设强制性标准。

工程监理单位在实施监理过程中，发现存在安全事故隐患的，应当要求施工单位整改；情况严重的，应当要求施工单位暂时停止施工，并及时报告建设单位。施工单位拒不整改或者不停止施工的，工程监理单位应当及时向有关主管部门报告。

工程监理单位和监理工程师应当按照法律、法规和工程建设强制性标准实施监理，并对建设工程安全生产承担监理责任。

第十五条 为建设工程提供机械设备和配件的单位，应当按照安全施工的要求配备齐全有效的保险、限位等安全设施和装置。

第十六条 出租的机械设备和施工机具及配件，应当具有生产（制造）许可证、产品合格证。

出租单位应当对出租的机械设备和施工机具及配件的安全性能进行检测，在签订租赁协议时，应当出具检测合格证明。

禁止出租检测不合格的机械设备和施工机具及配件。

第十七条 在施工现场安装、拆卸施工起重机械和整体提升脚手架、模板等自升式架设设施，必须由具有相应资质的单位承担。

安装、拆卸施工起重机械和整体提升脚手架、模板等自升式架设设施，应当编制拆装方案、制定安全施工措施，并由专业技术人员现场监督。

施工起重机械和整体提升脚手架、模板等自升式架设设施安装完毕后，安装单位应当自检，出具自检合格证明，并向施工单位进行安全使用说明，办理验收手续并签字。

第十八条 施工起重机械和整体提升脚手架、模板等自升式架设设施的使用达到国家规定的检验检测期限的，必须经具有专业资质的检验检测机构检测。经检测不合格的，不得继续使用。

第十九条 检验检测机构对检测合格的施工起重机械和整体提升脚手架、模板等自升式架设设施，应当出具安全合格证明文件，并对检测结果负责。

第四章 施工单位的安全责任

第二十条 施工单位从事建设工程的新建、扩建、改建和拆除等活动，应当具备国家规定的注册资本、专业技术人员、技术装备和安全生产等条件，依法取得相应等级的资质证书，并在其资质等级许可的范围内承揽工程。

第二十一条 施工单位主要负责人依法对本单位的安全生产工作全面负责。施工单位应当建立健全安全生产责任制度和安全生产教育培训制度，制定安全生产规章制度和操作规程，保证本单位安全生产条件所需资金的投入，对所承担的建设工程进行定期和专项安全检查，并做好安全检查记录。

施工单位的项目负责人应当由取得相应执业资格的人员担任，对建设工程项目的安全施工负责，落实安全生产责任制度、安全生产规章制度和操作规程，确保安全生产费用的有效使用，并根据工程的特点组织制定安全施工措施，消除安全事故隐患，及时、如实报告生产安全事故。

第二十二条 施工单位对列入建设工程概算的安全作业环境及安全施工措施所需费用，应当用于施工安全防护用具及设施的采购和更新、安全施工措施的落实、安全生产条件的改善，不得挪作他用。

第二十三条 施工单位应当设立安全生产管理机构，配备专职安全生产管理人员。

专职安全生产管理人员负责对安全生产进行现场监督检查。发现安全事故隐患，应当及时向项目负责人和安全生产管理机构报告；对违章指挥、违章操作的，应当立即制止。

专职安全生产管理人员的配备办法由国务院建设行政主管部门会同国务院其他有关部门制定。

第二十四条 建设工程实行施工总承包的，由总承包单位对施工现场的安全生产负总责。

总承包单位应当自行完成建设工程主体结构的施工。

总承包单位依法将建设工程分包给其他单位的，分包合同中应当明确各自的安全生产方面的权利、义务。总承包单位和分包单位对分包工程的安全生产承担连带责任。

分包单位应当服从总承包单位的安全生产管理，分包单位不服从管理导致生产安全事故的，由分包单位承担主要责任。

第二十五条　垂直运输机械作业人员、安装拆卸工、爆破作业人员、起重信号工、登高架设作业人员等特种作业人员，必须按照国家有关规定经过专门的安全作业培训，并取得特种作业操作资格证书后，方可上岗作业。

第二十六条　施工单位应当在施工组织设计中编制安全技术措施和施工现场临时用电方案，对下列达到一定规模的危险性较大的分部分项工程编制专项施工方案，并附具安全验算结果，经施工单位技术负责人、总监理工程师签字后实施，由专职安全生产管理人员进行现场监督：

（一）基坑支护与降水工程；

（二）土方开挖工程；

（三）模板工程；

（四）起重吊装工程；

（五）脚手架工程；

（六）拆除、爆破工程；

（七）国务院建设行政主管部门或者其他有关部门规定的其他危险性较大的工程。

对前款所列工程中涉及深基坑、地下暗挖工程、高大模板工程的专项施工方案，施工单位还应当组织专家进行论证、审查。

本条第一款规定的达到一定规模的危险性较大工程的标准，由国务院建设行政主管部门会同国务院其他有关部门制定。

第二十七条　建设工程施工前，施工单位负责项目管理的技术人员应当对有关安全施工的技术要求向施工作业班组、作业人员作出详细说明，并由双方签字确认。

第二十八条　施工单位应当在施工现场入口处、施工起重机械、临时用电设施、脚手架、出入通道口、楼梯口、电梯井口、孔洞口、桥梁口、隧道口、基坑边沿、爆破物及有害危险气体和液体存放处等危险部位，设置明显的安全警示标志。安全警示标志必须符合国家标准。

施工单位应当根据不同施工阶段和周围环境及季节、气候的变化，在施工现场采取相应的安全施工措施。施工现场暂时停止施工的，施工单位应当做好现场防护，所需费用由责任方承担，或者按照合同约定执行。

第二十九条 施工单位应当将施工现场的办公、生活区与作业区分开设置，并保持安全距离；办公、生活区的选址应当符合安全性要求。职工的膳食、饮水、休息场所等应当符合卫生标准。施工单位不得在尚未竣工的建筑物内设置员工集体宿舍。

施工现场临时搭建的建筑物应当符合安全使用要求。施工现场使用的装配式活动房屋应当具有产品合格证。

第三十条 施工单位对因建设工程施工可能造成损害的毗邻建筑物、构筑物和地下管线等，应当采取专项防护措施。

施工单位应当遵守有关环境保护法律、法规的规定，在施工现场采取措施，防止或者减少粉尘、废气、废水、固体废物、噪声、振动和施工照明对人和环境的危害和污染。

在城市市区内的建设工程，施工单位应当对施工现场实行封闭围挡。

第三十一条 施工单位应当在施工现场建立消防安全责任制度，确定消防安全责任人，制定用火、用电、使用易燃易爆材料等各项消防安全管理制度和操作规程，设置消防通道、消防水源，配备消防设施和灭火器材，并在施工现场入口处设置明显标志。

第三十二条 施工单位应当向作业人员提供安全防护用具和安全防护服装，并书面告知危险岗位的操作规程和违章操作的危害。

作业人员有权对施工现场的作业条件、作业程序和作业方式中存在的安全问题提出批评、检举和控告，有权拒绝违章指挥和强令冒险作业。

在施工中发生危及人身安全的紧急情况时，作业人员有权立即停止作业或者在采取必要的应急措施后撤离危险区域。

第三十三条 作业人员应当遵守安全施工的强制性标准、规章制度和操作规程，正确使用安全防护用具、机械设备等。

第三十四条 施工单位采购、租赁的安全防护用具、机械设备、施工机具及配件，应当具有生产（制造）许可证、产品合格证，并在进入施工现场前进行查验。

施工现场的安全防护用具、机械设备、施工机具及配件必须由专人管理，定期进行检查、维修和保养，建立相应的资料档案，并按照国家有关规定及时报废。

第三十五条　施工单位在使用施工起重机械和整体提升脚手架、模板等自升式架设设施前，应当组织有关单位进行验收，也可以委托具有相应资质的检验检测机构进行验收；使用承租的机械设备和施工机具及配件的，由施工总承包单位、分包单位、出租单位和安装单位共同进行验收。验收合格的方可使用。

《特种设备安全监察条例》规定的施工起重机械，在验收前应当经有相应资质的检验检测机构监督检验合格。

施工单位应当自施工起重机械和整体提升脚手架、模板等自升式架设设施验收合格之日起 30 日内，向建设行政主管部门或者其他有关部门登记。登记标志应当置于或者附着于该设备的显著位置。

第三十六条　施工单位的主要负责人、项目负责人、专职安全生产管理人员应当经建设行政主管部门或者其他有关部门考核合格后方可任职。

施工单位应当对管理人员和作业人员每年至少进行一次安全生产教育培训，其教育培训情况记入个人工作档案。安全生产教育培训考核不合格的人员，不得上岗。

第三十七条　作业人员进入新的岗位或者新的施工现场前，应当接受安全生产教育培训。未经教育培训或者教育培训考核不合格的人员，不得上岗作业。

施工单位在采用新技术、新工艺、新设备、新材料时，应当对作业人员进行相应的安全生产教育培训。

第三十八条　施工单位应当为施工现场从事危险作业的人员办理意外伤害保险。

意外伤害保险费由施工单位支付。实行施工总承包的，由总承包单位支付意外伤害保险费。意外伤害保险期限自建设工程开工之日起至竣工验收合格止。

第五章　监督管理

第三十九条　国务院负责安全生产监督管理的部门依照《中华人民共和国安全生产法》的规定，对全国建设工程安全生产工作实施综合监督管理。

县级以上地方人民政府负责安全生产监督管理的部门依照《中华人民共和国安全生产法》的规定，对本行政区域内建设工程安全生产工作实施综合监督管理。

第四十条　国务院建设行政主管部门对全国的建设工程安全生产实施监

督管理。国务院铁路、交通、水利等有关部门按照国务院规定的职责分工，负责有关专业建设工程安全生产的监督管理。

县级以上地方人民政府建设行政主管部门对本行政区域内的建设工程安全生产实施监督管理。县级以上地方人民政府交通、水利等有关部门在各自的职责范围内，负责本行政区域内的专业建设工程安全生产的监督管理。

第四十一条 建设行政主管部门和其他有关部门应当将本条例第十条、第十一条规定的有关资料的主要内容抄送同级负责安全生产监督管理的部门。

第四十二条 建设行政主管部门在审核发放施工许可证时，应当对建设工程是否有安全施工措施进行审查，对没有安全施工措施的，不得颁发施工许可证。

建设行政主管部门或者其他有关部门对建设工程是否有安全施工措施进行审查时，不得收取费用。

第四十三条 县级以上人民政府负有建设工程安全生产监督管理职责的部门在各自的职责范围内履行安全监督检查职责时，有权采取下列措施：

（一）要求被检查单位提供有关建设工程安全生产的文件和资料；

（二）进入被检查单位施工现场进行检查；

（三）纠正施工中违反安全生产要求的行为；

（四）对检查中发现的安全事故隐患，责令立即排除；重大安全事故隐患排除前或者排除过程中无法保证安全的，责令从危险区域内撤出作业人员或者暂时停止施工。

第四十四条 建设行政主管部门或者其他有关部门可以将施工现场的监督检查委托给建设工程安全监督机构具体实施。

第四十五条 国家对严重危及施工安全的工艺、设备、材料实行淘汰制度。具体目录由国务院建设行政主管部门会同国务院其他有关部门制定并公布。

第四十六条 县级以上人民政府建设行政主管部门和其他有关部门应当及时受理对建设工程生产安全事故及安全事故隐患的检举、控告和投诉。

第六章　生产安全事故的应急救援和调查处理

第四十七条 县级以上地方人民政府建设行政主管部门应当根据本级人民政府的要求，制定本行政区域内建设工程特大生产安全事故应急救援预案。

第四十八条 施工单位应当制定本单位生产安全事故应急救援预案，建立应急救援组织或者配备应急救援人员，配备必要的应急救援器材、设备，并定期组织演练。

第四十九条　施工单位应当根据建设工程施工的特点、范围，对施工现场易发生重大事故的部位、环节进行监控，制定施工现场生产安全事故应急救援预案。实行施工总承包的，由总承包单位统一组织编制建设工程生产安全事故应急救援预案，工程总承包单位和分包单位按照应急救援预案，各自建立应急救援组织或者配备应急救援人员，配备救援器材、设备，并定期组织演练。

第五十条　施工单位发生生产安全事故，应当按照国家有关伤亡事故报告和调查处理的规定，及时、如实地向负责安全生产监督管理的部门、建设行政主管部门或者其他有关部门报告；特种设备发生事故的，还应当同时向特种设备安全监督管理部门报告。接到报告的部门应当按照国家有关规定，如实上报。

实行施工总承包的建设工程，由总承包单位负责上报事故。

第五十一条　发生生产安全事故后，施工单位应当采取措施防止事故扩大，保护事故现场。需要移动现场物品时，应当做出标记和书面记录，妥善保管有关证物。

第五十二条　建设工程生产安全事故的调查、对事故责任单位和责任人的处罚与处理，按照有关法律、法规的规定执行。

第七章　法律责任

第五十三条　违反本条例的规定，县级以上人民政府建设行政主管部门或者其他有关行政管理部门的工作人员，有下列行为之一的，给予降级或者撤职的行政处分；构成犯罪的，依照刑法有关规定追究刑事责任：

（一）对不具备安全生产条件的施工单位颁发资质证书的；

（二）对没有安全施工措施的建设工程颁发施工许可证的；

（三）发现违法行为不予查处的；

（四）不依法履行监督管理职责的其他行为。

第五十四条　违反本条例的规定，建设单位未提供建设工程安全生产作业环境及安全施工措施所需费用的，责令限期改正；逾期未改正的，责令该建设工程停止施工。

建设单位未将保证安全施工的措施或者拆除工程的有关资料报送有关部门备案的，责令限期改正，给予警告。

第五十五条　违反本条例的规定，建设单位有下列行为之一的，责令限期改正，处20万元以上50万元以下的罚款；造成重大安全事故，构成犯罪的，对直接责任人员，依照刑法有关规定追究刑事责任；造成损失的，依法承担赔偿责任：

（一）对勘察、设计、施工、工程监理等单位提出不符合安全生产法律、法规和强制性标准规定的要求的；

（二）要求施工单位压缩合同约定的工期的；

（三）将拆除工程发包给不具有相应资质等级的施工单位的。

第五十六条 违反本条例的规定，勘察单位、设计单位有下列行为之一的，责令限期改正，处10万元以上30万元以下的罚款；情节严重的，责令停业整顿，降低资质等级，直至吊销资质证书；造成重大安全事故，构成犯罪的，对直接责任人员，依照刑法有关规定追究刑事责任；造成损失的，依法承担赔偿责任：

（一）未按照法律、法规和工程建设强制性标准进行勘察、设计的；

（二）采用新结构、新材料、新工艺的建设工程和特殊结构的建设工程，设计单位未在设计中提出保障施工作业人员安全和预防生产安全事故的措施建议的。

第五十七条 违反本条例的规定，工程监理单位有下列行为之一的，责令限期改正；逾期未改正的，责令停业整顿，并处10万元以上30万元以下的罚款；情节严重的，降低资质等级，直至吊销资质证书；造成重大安全事故，构成犯罪的，对直接责任人员，依照刑法有关规定追究刑事责任；造成损失的，依法承担赔偿责任：

（一）未对施工组织设计中的安全技术措施或者专项施工方案进行审查的；

（二）发现安全事故隐患未及时要求施工单位整改或者暂时停止施工的；

（三）施工单位拒不整改或者不停止施工，未及时向有关主管部门报告的；

（四）未依照法律、法规和工程建设强制性标准实施监理的。

第五十八条 注册执业人员未执行法律、法规和工程建设强制性标准的，责令停止执业3个月以上1年以下；情节严重的，吊销执业资格证书，5年内不予注册；造成重大安全事故的，终身不予注册；构成犯罪的，依照刑法有关规定追究刑事责任。

第五十九条 违反本条例的规定，为建设工程提供机械设备和配件的单位，未按照安全施工的要求配备齐全有效的保险、限位等安全设施和装置的，责令限期改正，处合同价款1倍以上3倍以下的罚款；造成损失的，依法承担赔偿责任。

第六十条 违反本条例的规定，出租单位出租未经安全性能检测或者经检测不合格的机械设备和施工机具及配件的，责令停业整顿，并处 5 万元以上 10 万元以下的罚款；造成损失的，依法承担赔偿责任。

第六十一条　违反本条例的规定，施工起重机械和整体提升脚手架、模板等自升式架设设施安装、拆卸单位有下列行为之一的，责令限期改正，处 5 万元以上 10 万元以下的罚款；情节严重的，责令停业整顿，降低资质等级，直至吊销资质证书；造成损失的，依法承担赔偿责任：

（一）未编制拆装方案、制定安全施工措施的；

（二）未由专业技术人员现场监督的；

（三）未出具自检合格证明或者出具虚假证明的；

（四）未向施工单位进行安全使用说明，办理移交手续的。

施工起重机械和整体提升脚手架、模板等自升式架设设施安装、拆卸单位有前款规定的第（一）项、第（三）项行为，经有关部门或者单位职工提出后，对事故隐患仍不采取措施，因而发生重大伤亡事故或者造成其他严重后果，构成犯罪的，对直接责任人员，依照刑法有关规定追究刑事责任。

第六十二条　违反本条例的规定，施工单位有下列行为之一的，责令限期改正；逾期未改正的，责令停业整顿，依照《中华人民共和国安全生产法》的有关规定处以罚款；造成重大安全事故，构成犯罪的，对直接责任人员，依照刑法有关规定追究刑事责任：

（一）未设立安全生产管理机构、配备专职安全生产管理人员或者分部分项工程施工时无专职安全生产管理人员现场监督的；

（二）施工单位的主要负责人、项目负责人、专职安全生产管理人员、作业人员或者特种作业人员，未经安全教育培训或者经考核不合格即从事相关工作的；

（三）未在施工现场的危险部位设置明显的安全警示标志，或者未按照国家有关规定在施工现场设置消防通道、消防水源、配备消防设施和灭火器材的；

（四）未向作业人员提供安全防护用具和安全防护服装的；

（五）未按照规定在施工起重机械和整体提升脚手架、模板等自升式架设设施验收合格后登记的；

（六）使用国家明令淘汰、禁止使用的危及施工安全的工艺、设备、材料的。

第六十三条　违反本条例的规定，施工单位挪用列入建设工程概算的安全生产作业环境及安全施工措施所需费用的，责令限期改正，处挪用费用 20% 以上 50% 以下的罚款；造成损失的，依法承担赔偿责任。

第六十四条 违反本条例的规定，施工单位有下列行为之一的，责令限期改正；逾期未改正的，责令停业整顿，并处5万元以上10万元以下的罚款；造成重大安全事故，构成犯罪的，对直接责任人员，依照刑法有关规定追究刑事责任：

（一）施工前未对有关安全施工的技术要求作出详细说明的；

（二）未根据不同施工阶段和周围环境及季节、气候的变化，在施工现场采取相应的安全施工措施，或者在城市市区内的建设工程的施工现场未实行封闭围挡的；

（三）在尚未竣工的建筑物内设置员工集体宿舍的；

（四）施工现场临时搭建的建筑物不符合安全使用要求的；

（五）未对因建设工程施工可能造成损害的毗邻建筑物、构筑物和地下管线等采取专项防护措施的。

施工单位有前款规定第（四）项、第（五）项行为，造成损失的，依法承担赔偿责任。

第六十五条 违反本条例的规定，施工单位有下列行为之一的，责令限期改正；逾期未改正的，责令停业整顿，并处10万元以上30万元以下的罚款；情节严重的，降低资质等级，直至吊销资质证书；造成重大安全事故，构成犯罪的，对直接责任人员，依照刑法有关规定追究刑事责任；造成损失的，依法承担赔偿责任：

（一）安全防护用具、机械设备、施工机具及配件在进入施工现场前未经查验或者查验不合格即投入使用的；

（二）使用未经验收或者验收不合格的施工起重机械和整体提升脚手架、模板等自升式架设设施的；

（三）委托不具有相应资质的单位承担施工现场安装、拆卸施工起重机械和整体提升脚手架、模板等自升式架设设施的；

（四）在施工组织设计中未编制安全技术措施、施工现场临时用电方案或者专项施工方案的。

第六十六条 违反本条例的规定，施工单位的主要负责人、项目负责人未履行安全生产管理职责的，责令限期改正；逾期未改正的，责令施工单位停业整顿；造成重大安全事故、重大伤亡事故或者其他严重后果，构成犯罪的，依照刑法有关规定追究刑事责任。

作业人员不服管理、违反规章制度和操作规程冒险作业造成重大伤亡事故或者其他严重后果，构成犯罪的，依照刑法有关规定追究刑事责任。

施工单位的主要负责人、项目负责人有前款违法行为，尚不够刑事处罚的，处2万元以上20万元以下的罚款或者按照管理权限给予撤职处分；自刑罚执行完毕或者受处分之日起，5年内不得担任任何施工单位的主要负责人、项目负责人。

第六十七条　施工单位取得资质证书后，降低安全生产条件的，责令限期改正;经整改仍未达到与其资质等级相适应的安全生产条件的，责令停业整顿，降低其资质等级直至吊销资质证书。

第六十八条　本条例规定的行政处罚，由建设行政主管部门或者其他有关部门依照法定职权决定。

违反消防安全管理规定的行为，由公安消防机构依法处罚。

有关法律、行政法规对建设工程安全生产违法行为的行政处罚决定机关另有规定的，从其规定。

第八章　附　　则

第六十九条　抢险救灾和农民自建低层住宅的安全生产管理，不适用本条例。

第七十条　军事建设工程的安全生产管理，按照中央军事委员会的有关规定执行。

第七十一条　本条例自2004年2月1日起施行。

结束语

随着我国经济的快速发展，城市规模不断扩张，建筑施工的安全问题也随之频发。建筑施工安全管理是动态的过程，应常抓不懈，切实做到安全第一，预防为主，防消结合，要树立安全生产也出效益的思想观念。

建筑施工有高处作业多、露天作业多、手工劳动及繁重体力劳动多、立体交叉作业多、临时员工多的特点，这些特点决定了建筑工程的施工危险大、突发性强、容易发生伤亡事故。因此，必须加强施工过程的安全管理与安全技术措施。

在实际的施工作业中，仍存在较多的问题。建筑施工单位对安全生产的法律、法规认识不足，没能摆正安全与生产，安全与效益，安全与进度的关系，在进度、生产、效益与安全发生矛盾时，往往是安全让步，没有把安全当大事抓。

施工作业人员安全意识缺乏，安全教育培训不到位。我国建筑施工现场作业人员技术水平低，施工过程中的自我保护意识较差，施工作业尤其是机械设备经常违章作业，极易导致工程事故的发生。

在建筑工程施工中，施工场地作业条件经常变化，部分施工作业人员由于对施工现场条件不熟悉，对施工现场设施及机械设备布置不了解，都容易导致安全事故的发生。

建筑施工安全关系到建筑施工人员的生命财产安全，关系到改革发展和构建和谐社会的大局，必须加强对建筑工程施工安全的管理工作。当前要进一步加强施工安全生产工作，有效地遏制建筑施工领域重特大安全事故的发生，大幅度减少伤亡事故和死亡人数，尽快实现我国安全生产局面的根本好转。

安全，生命永恒的旗帜，一个重中之重的话题，它凝聚着千家万户的幸福与欢乐。安全是船，它承载着人生航行的旅程；安全是风，它吹拂着企业发展的春天。安全在我们偶尔麻痹的思想中敲响警钟，让我们时刻牢记安全的“故事”。我们应该不断完善安全管理机制，把有效遏制安全生产事故作为当前和今后一个时期安全生产工作的首要目标，突出以“安全生产”工作为重点，建立隐患排查治理长效机制，深化安全生产标准化建设。把开展安全生产事故隐患排查治理作为安全生产工作永恒的主题、主线，推进经常化、制度化，锲而不舍，一鼓作气，不留盲区和死角；建立安全生产监管长效机制；坚持“生命至上，安全第一”的安全思想理念和“一举一动，规章至尊”的安全价值观，通过宣传和教育培训活动，增强各级领导干部、安全生产管理人员法律观念和安全意识，普及安全文化，提高员工技术素质，全面提升本质安全度，实现长治久安，为安全事故“零”目标提供强有力的安全保障。

朋友，当我们踏着朝阳轻松地走上工作岗位，让我们严格执行标准化作业，让我们时时处处按章作业。安全是支笔，安全是首诗，它描绘着生命中一幕幕精彩的画面，它吟咏着人生的绿洲，它是情的无边草原，它是爱的不竭之河，带着家庭的祝愿，带着企业的忠诚，安全鲜活在我们每个丰富多彩的日子里。

后 记

建筑施工的标准规范操作是广大工程建设者必须遵守的准则和规定，在提高建筑施工工程建设科学管理水平，保证工程的质量和安全，降低工程的造价，缩短工期，节能、节水、节材、节地，促进技术进步，建设资源友好型社会等方面都有显著的推动作用。本书着重从建筑施工违章行为及其对应的标准规范操作方法的角度出发，重申“安全重于一切”的观点。“前人之事，后人之师”，让我们从这些一次次“血”的教训中时刻认识“细节决定命运”的重要性。

本书涉及案例资料众多、工作量较大、编写历时长久。书稿的顺利出版，凝结了每位编写者的心血与智慧。对于每个典型案例的筛选、案例中存在的违章行为均进行了鞭辟入里的分析，大家反复推敲、仔细求证、以臻完善。王伟、裴丛波、孙绍恒、王鹏、杨凯、胡宇、向台敏、冯潇、刘建广、卢志雄、王旭东、宋红攀、金田、张刘玉、宋宇星等参与了本书的编写工作，在此谨致诚挚的谢意！